中国智能城市建设与推进战略研究丛书
Strategic Research on Construction and
Promotion of China's iCity

中国智能城市
安全发展
战略研究

中国智能城市建设与推进战略研究项目组 编

ZHEJIANG UNIVERSITY PRESS
浙江大学出版社

图书在版编目（CIP）数据

中国智能城市安全发展战略研究 / 中国智能城市建设与推进战略研究项目组编. — 杭州：浙江大学出版社，2016.5

（中国智能城市建设与推进战略研究丛书）

ISBN 978-7-308-15940-1

Ⅰ．①中… Ⅱ．①中… Ⅲ．①现代化城市—城市管理—安全管理—发展战略—研究—中国 Ⅳ．①X92②D63

中国版本图书馆CIP数据核字(2016)第123517号

中国智能城市安全发展战略研究

中国智能城市建设与推进战略研究项目组　编

出 品 人	鲁东明	
策　　划	徐有智　　许佳颖	
责任编辑	孙海荣	
责任校对	杨利军　　李增基	
装帧设计	俞亚彤	
出版发行	浙江大学出版社	
	（杭州市天目山路148号　　邮政编码　310007）	
	（网址：http://www.zjupress.com)	
排　　版	杭州林智广告有限公司	
印　　刷	浙江印刷集团有限公司	
开　　本	710mm×1000mm　1/16	
印　　张	14	
字　　数	203千	
版 印 次	2016年5月第1版　2016年5月第1次印刷	
书　　号	ISBN 978-7-308-15940-1	
定　　价	68.00元	

"中国智能城市安全发展战略研究"
课题组

课题组组长

吴曼青	中国电子科技集团公司	院 士

课题组副组长

钟 山	中航科工第二研究院	院 士

课题组成员

丁 辉	北京市科学技术研究院	研究员、院长
赵 强	中国工程物理研究院计算所	研究员
卢兆明	香港城市大学	教 授
袁国杰	香港城市大学	教 授
张和平	中国科学技术大学	教 授
鲁加国	中国电子科技集团公司第三十八研究所	副所长
刘 智	合肥公共安全技术研究院	院长助理、高级工程师
潘李伟	中国电子科技集团公司第三十八研究所公共安全系统集成工程中心	副主任、高级工程师
朱 伟	北京市科学技术研究院	副研究员、所长
李伟明	香港城市大学	副教授
胡隆华	中国科学技术大学	副教授
张 岩	中国电子科学研究院	副主任

戚 巍	中国电子科技集团公司第三十八研究所	副研究员	
李维龙	中国电子科技集团公司第三十八研究所	博士、高级工程师	
吴 朔	中国电子科技集团公司第三十八研究所	博士后、高级工程师	
滕 婕	中国电子科技集团公司第三十八研究所	博士、高级工程师	
刘建军	中国电子科技集团公司第三十八研究所	博士、高级工程师	
许方星	中国电子科技集团公司第三十八研究所	博士、高级工程师	
刘晓楠	中国电子科技集团公司第三十八研究所	博士、高级工程师	
梁智昊	中国电子科学研究院	工程师	
安 达	中国电子科学研究院	工程师	
盛 骢	中国电子科技集团公司第三十八研究所	工程师	

序

  "中国智能城市建设与推进战略研究丛书"，是由 47 位院士和 180 多名专家经过两年多的深入调研、研究与分析，在中国工程院重大咨询研究项目"中国智能城市建设与推进战略研究"的基础上，将研究成果汇总整理后出版的。这套系列丛书共分 14 册，其中综合卷 1 册，分卷 13 册，由浙江大学出版社陆续出版。综合卷主要围绕我国未来城市智能化发展中，如何开展具有中国特色的智能城市建设与推进，进行了比较系统的论述；分卷主要从城市经济、科技、文化、教育与管理，城市空间组织模式、智能交通与物流，智能电网与能源网，智能制造与设计，知识中心与信息处理，智能信息网络，智能建筑与家居，智能医疗卫生，城市安全，城市环境，智能商务与金融，智能城市时空信息基础设施，智能城市评价指标体系等方面，对智能城市建设与推进工作进行了论述。

  作为"中国智能城市建设与推进战略研究"项目组的顾问，我参加过多次项目组的研究会议，也提出一些"管见"。总体来看，我认为在项目组组长潘云鹤院士的领导下，"中国智能城市建设与推进战略研究"取得了重大的进展，其具体成果主要有以下几个方面。

  20 世纪 90 年代，世界信息化时代开启，城市也逐渐从传统的二元空间向三元空间发展。这里所说的第一元空间是指物理空间（P），由城市所处物理环境和城市物质组成；第二元空间指人类社会空间（H），即人类决策与社会交往空间；第三元空间指赛博空间（C），即计算机和互联网组成的"网络信息"空间。城市智能化是世界各国城市发展的大势所趋，只是各国城市发展阶段不同、内容不同而已。目前国内外提出的"智慧城市"建设，主要集中于第三元空间的营造，而我国城市智能化应该是"三元空间"彼此协调，使规划与产业、生活与社交、社会公共服务三者彼此交融、相互促进，应该是超越现有电子政务、数字城市、网络城市和智慧城市建设的理念。

新技术革命将促进城市智能化时代的到来。关于新技术革命，当今世界有"第二经济""第三次工业革命""工业4.0""第五次产业革命"等论述。而落实到城市，新技术革命的特征是：使新一代传感器技术、互联网技术、大数据技术和工程技术知识融入城市的各系统，形成城市建设、城市经济、城市管理和公共服务的升级发展，由此迎来城市智能化发展的新时代。如果将中国的城镇化（城市化）与新技术革命有机联系在一起，不仅可以促进中国城市智能化进程的良性健康发展，还能促使更多新技术的诞生。中国无疑应积极参与这一进程，并对世界经济和科技的发展作出更巨大的贡献。

用"智能城市"（Intelligent City，iCity）来替代"智慧城市"（Smart City）的表述，是经过项目组反复推敲和考虑的。其原因是：首先，西方发达国家已完成城镇化、工业化和农业现代化，他们所指的智慧城市的主要任务局限于政府管理与服务的智能化，而且其城市管理者的行政职能与我国市长的相比要狭窄得多；其次，我国正处于工业化、信息化、城镇化和农业现代化"四化"同步发展阶段，遇到的困惑与问题在质和量上都有其独特性，所以中国城市智能化发展路径必然与欧美有所不同，仅从发达国家的角度解读智慧城市，将这一概念搬到中国，难以解决中国城市面临的诸多发展问题。因而，项目组提出了"智能城市"（iCity）的表述，希冀能更符合中国的国情。

智能城市建设与推进对我国当今经济社会发展具有深远意义。智能城市建设与推进恰好处于"四化"交汇体上，其意义主要有以下几个方面。一是可作为"四化"同步发展的基本平台，成为我国经济社会发展的重要抓手，避免"中等收入陷阱"，走出一条具有中国特色的新型城镇化（城市化）发展之路。二是把智能城市作为重要基础（点），可促进"一带一路"（线）和新型区域（面）的发展，构成"点、线、面"的合理发展布局。三是有利于推动制造业及其服务业的结构升级与变革，实现城市产业向集约型转变，使物质增速减慢，价值增速加快，附加值提高；有利于各种电子商务、大数据、云计算、物联网技术的运用与集成，实现信息与网络技术"宽带、泛在、

移动、融合、安全、绿色"发展，促进城市产业效率的提高，形成新的生产要素与新的业态，为创业、就业创造新条件。四是从有限信息的简单、线性决策发展到城市综合系统信息的网络化、优化决策，从而帮助政府提高城市管理服务水平，促进深化城市行政体制改革与发展。五是运用新技术使城市建筑、道路、交通、能源、资源、环境等规划得到优化及改善，提高要素使用效率；使城市历史、地貌、本土文化等得到进一步保护、传承、发展与升华；实现市民健康管理从理念走向现实等。六是可以发现和培养一批适应新技术革命趋势的城市规划师、管理专家、高层次科学家、数据科学与安全专家、工程技术专家等；吸取过去的经验与教训，重视智能城市运营、维护中的再创新（Renovation），可以集中力量培养一批基数庞大、既懂理论又懂实践的城市各种功能运营维护工程师和技术人员，从依靠人口红利，逐渐转向依靠知识与人才红利，支撑我国城市智能化健康、可持续发展。

综上所述，"中国智能城市建设与推进战略研究丛书"的内容丰富、观点鲜明，所提出的发展目标、途径、策略与建议合理且具可操作性。我认为，这套丛书是具有较高参考价值的城市管理创新与发展研究的文献，对我国新型城镇化的发展具有重要的理论意义和应用实践价值。相信社会各界读者在阅读后，会有很多新的启发与收获。希望本丛书能激发大家参与智能城市建设的热情，从而提出更多的思考与独到的见解。

我国是一个历史悠久、农业人口众多的发展中国家，正致力于经济社会又好又快又省的发展和新型城镇化建设。我深信，"中国智能城市建设与推进战略研究丛书"的出版，将对此起到积极的、具有正能量的推动作用。让我们为实现伟大的"中国梦"而共同努力奋斗！

是为序！

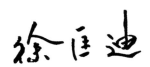

2015 年 1 月 12 日

前　言

2008 年，IBM 提出了"智慧地球"的概念，其中"Smart City"即"智慧城市"是其组成部分之一，主要指 3I，即度量（Instrumented）、联通（Interconnected）、智能（Intelligent），目标是落实到公司的"解决方案"，如智慧的交通、医疗、政府服务、监控、电网、水务等项目。

2009 年年初，美国总统奥巴马公开肯定 IBM 的"智慧地球"理念。2012 年 12 月，美国国家情报委员会（National Intelligence Council）发布的《全球趋势 2030》指出，对全球经济发展最具影响力的四类技术是信息技术、自动化和制造技术、资源技术以及健康技术，其中"智慧城市"是信息技术内容之一。《2030 年展望：美国应对未来技术革命战略》报告指出，世界正处在下一场重大技术变革的风口浪尖上，以制造技术、新能源、智慧城市为代表的"第三次工业革命"将在塑造未来政治、经济和社会发展趋势方面产生重要影响。

在实施《"i2010"战略》后，2011 年 5 月，欧盟 Net!Works 论坛出台了 *Smart Cities Applications and Requirements* 白皮书，强调低碳、环保、绿色发展。之后，欧盟表示将"Smart City"作为第八期科研架构计划（Eighth Framework Programme，FP8）重点发展内容。

2009 年 8 月，IBM 发布了《智慧地球赢在中国》计划书，为中国打造六大智慧解决方案：智慧电力、智慧医疗、智慧城市、智慧交通、智慧供应链和智慧银行。2009 年，"智慧城市"陆续在我国各层面展开，截至 2013 年 9 月，我国总计有 311 个城市在建或欲建智慧城市。

中国工程院曾在 2010 年对"智慧城市"建设开展过研究，认为当前我国城市发展已经到了一个关键的转型期，但由于国情不同，"智慧城市"建设在我国还存在一定问题。为此，中国工程院于 2012 年 2 月启动了重大咨询研究项目"中国智能城市建设与推进战略研究"。自项目开展以来，很多城市领导和学者都表现出浓厚的兴趣，希望投身到智能城市建设的研究与实践中来。在各界人士的大力支持以及中国工程院"中国智能城市建设与推进战略研究"项目组院士和专家们的努力下，我们融合了三方面的研究力量：国家有关部委（如国家发改委、工信部、住房和城乡建设部等）专家，典型城市（如北京、武汉、西安、上海、宁波等）专家，中国工程院信息与电子工程学部、能源与矿业工程学部、环境与轻纺工程学部、工程管理学部以及土木、水利与建筑工程学部等学部的 47 位院士及 180 多位专家。研究项目分设了 13 个课题组，涉及城市基础建设、信息、产业、管理等方面。另外，项目还设 1 个综合组，主要任务是在 13 个课题组的研究成果基础上，综合凝练形成"中国智能城市建设与推进战略研究丛书"综合卷。

两年多来，研究团队经过深入现场考察与调研，与国内外专家学者开展论坛和交流，与国家主管部门和地方主管部门相关负责同志座谈以及团队自身研究与分析等，已形成了一些研究成果和研究综合报告。研究中，我们提出了在我国开展智能城市（Intelligent City，iCity）建设与推进会更加适合中国国情。智能城市建设将成为我国深化体制改革与发展的促进剂，成为我国经济社会发展和实现"中国梦"的有力抓手。

目 录
CONTENTS

第1章　中国智能城市安全发展战略研究 /1

一、城市安全智能化 /3
（一）智能城市与城市安全 /3
（二）城市安全系统体系构架 /6

二、国内外城市安全智能化的发展现状 /8
（一）国外发展现状 /8
（二）国内发展现状 /13

三、我国智能城市安全的建设需求分析 /20
（一）智能城市安全面临的新形势 /20
（二）智能城市安全系统关键技术 /27
（三）城市公共安全建设中的"四重四轻" /29

四、我国智能城市安全建设与推进的总体战略 /34
（一）指导思想 /34
（二）战略目标 /34
（三）总体战略 /36

第2章　中国智能城市安防发展战略研究 /39

一、智能城市安防概论 /41
（一）城市综合安防概念 /41
（二）智能城市安防系统建设意义 /42
（三）相关技术 /43
（四）安防产业的发展目标 /44

二、我国智能城市安防发展状况 /46
（一）建设安防系统存在问题 /46

（二）智能城市理念下的公共安全建设　/ 47

三、我国智能城市安防发展形势分析　/ 49

　　（一）智能公共安全建设所面临的挑战　/ 49
　　（二）智能城市安防发展趋势　/ 50

四、我国智能城市安防发展基本思路　/ 51

　　（一）安防产业发展趋势　/ 52
　　（二）智能城市安防建设的指导思想　/ 52

五、建设案例：张家口智能公共安全体系设计　/ 53

　　（一）建设目标　/ 54
　　（二）总体架构　/ 54
　　（三）网络架构　/ 57
　　（四）信息资源架构　/ 58
　　（五）建设任务　/ 60
　　（六）建设内容　/ 61

六、我国智能城市安防发展战略措施和政策建议　/ 63

　　（一）加强党委和政府的主导作用　/ 63
　　（二）重视信息共享平台的建立　/ 63
　　（三）将安防技术的"智能"特征融合到新产品研发　/ 63
　　（四）强调社会管理，建立社会风险评估体系　/ 64
　　（五）提升城市治安事件的综合应对能力　/ 64

第3章　中国智能城市网络安全发展战略研究　/ 65

一、智能城市网络安全概论　/ 67

二、智能城市网络安全发展现状　/ 68

　　（一）国外发展现状　/ 68
　　（二）国内发展现状　/ 70
　　（三）面临的挑战　/ 72

三、我国智能城市网络安全发展的需求与趋势 / 74
（一）发展需求 / 74
（二）发展趋势 / 81

四、我国智能城市网络安全体系 / 83
（一）安全基础设施体系 / 84
（二）安全防护治理体系 / 87
（三）安全运营体系 / 88
（四）安全管理体系 / 91

五、我国智能城市网络安全发展思路 / 92
（一）基本原则 / 92
（二）目标愿景 / 93
（三）战略思路 / 94

六、我国智能城市网络安全发展的建议 / 94
（一）统筹城市网络空间安全顶层设计 / 94
（二）建设基于大数据的城市网络空间态势感知系统 / 94
（三）建设城市级网络空间安全运营（运维）中心 / 95
（四）建设基于大数据的智能城市网络舆情监控系统 / 95
（五）加大信息安全领域自主创新支持力度 / 96
（六）建立健全智能城市网络安全组织机构 / 96

第4章　中国智能城市交通安全发展战略研究 / 97

一、智能城市交通安全概论 / 99
（一）智能交通的提出与发展 / 99
（二）城市智能交通安全系统的发展 / 100

二、我国智能城市交通安全发展状况 / 103
（一）我国智能城市交通安全总体发展概况 / 103
（二）我国典型城市智能交通安全发展状况 / 104

（三）我国智能城市交通安全发展问题分析　/ 110

三、国外智能城市交通安全发展经验　/ 112

（一）美国智能交通安全发展及其经验　/ 112

（二）日本智能交通安全发展及其经验　/ 113

（三）欧盟智能交通安全发展及其经验　/ 115

（四）国外智能城市交通安全建设经验总结　/ 116

四、我国智能城市交通安全发展形势　/ 117

（一）我国城市智能交通安全发展必要性分析　/ 118

（二）我国城市智能交通安全发展紧迫性分析　/ 122

（三）我国智能交通安全发展可行性分析　/ 124

五、我国智能城市交通安全发展基本思路　/ 126

（一）指导思想　/ 126

（二）战略思路及战略意义　/ 126

六、我国智能城市交通安全发展关键任务和政策建议　/ 128

（一）智能城市交通安全发展关键任务　/ 128

（二）智能城市交通安全发展政策建议　/ 131

第5章　中国智能城市生态环境安全发展战略研究　/ 133

一、智能城市生态环境安全发展概论　/ 135

（一）智能城市生态环境的概念　/ 135

（二）智能城市生态环境安全发展涉及的技术　/ 136

（三）智能城市生态环境安全发展的特征　/ 139

（四）智能城市生态环境安全发展的影响因素　/ 140

二、我国智能城市生态环境安全发展状况　/ 141

（一）我国智能城市生态环境绿化程度的发展　/ 141

（二）我国智能城市生态环境的能源利用状况　/ 143

（三）我国智能城市交通、城市道路规划与土地利用情况　/ 144

（四）我国智能城市空气、水、土壤、声污染的状况　/ 145

三、国外智能城市生态环境安全发展先进经验　/ 146

（一）发达国家智能城市生态环境安全发展的背景与概况　/ 146

（二）发达国家智能城市生态环境安全发展的经验　/ 147

（三）发达国家智能城市生态环境安全发展的启示　/ 149

四、我国智能城市生态环境安全发展形势分析　/ 150

（一）智能城市生态环境安全发展的必要性和紧迫性　/ 150

（二）智能城市生态环境安全发展的可行性　/ 151

（三）智能城市生态环境安全发展面临的问题和挑战　/ 152

五、我国智能城市生态环境安全发展基本思路　/ 154

（一）智能城市生态环境安全发展的指导思想　/ 154

（二）智能城市生态环境安全发展的基本原则　/ 155

六、我国智能城市生态环境安全发展战略措施和政策建议　/ 157

（一）大力发展智能城市生态环境新技术　/ 157

（二）全力进行智能城市生态环境各方面建设　/ 158

（三）鼓励智能城市生态环境全员参与　/ 159

第6章　中国智能城市食品药品医疗卫生安全发展战略研究　/ 163

一、智能城市食品药品、医疗卫生安全概论　/ 165

（一）智能城市食品药品安全定义　/ 165

（二）智能城市食品药品安全信息系统　/ 167

二、我国智能城市食品药品安全发展状况　/ 171

（一）我国智能城市食品药品安全发展现状　/ 171

（二）我国城市食品药品安全存在的问题　/ 174

三、国外智能城市食品药品安全发展先进经验　/ 176

（一）国外智能城市食品药品安全建设思路　/ 176

（二）国外智能化食品药品安全建设案例分析　/ 177

（三）专　栏　/ 179

四、我国智能城市食品药品安全发展形势分析　/ 182

（一）智能城市食品药品安全建设的必要性和紧迫性　/ 182

（二）智能城市食品药品安全建设的可行性　/ 183

五、我国智能城市食品药品安全发展基本思路　/ 184

（一）食品药品安全发展思路　/ 184

（二）医疗卫生安全发展思路　/ 190

六、我国智能城市食品药品安全发展战略措施和政策建议　/ 193

（一）模式创新与挑战　/ 193

（二）顶层设计与总体规划　/ 195

参考文献　/ 199

索　引　/ 205

第1章

i City

中国智能城市
安全发展战略研究

一、城市安全智能化

（一）智能城市与城市安全

1. 智能城市的内涵

智能城市概念源于 2009 年 IBM "智慧地球"。目前，关于"智能城市"的理解有多种观点，大致可以分为工程项目、深度信息化、城市系统三种。我们研究提出的智能城市（iCity）更多是从城市的整体"三元空间"出发，通过对各种数据的集成，在充分运用数字化、网络化和智能化等技术的基础上，对知识技术、信息技术高度集成与深度整合，按城市经济社会发展与市民的需求进行有效服务，成为发现问题、解决问题等方面的不竭动力，使城市更具生命力和可持续性，形成新的城市发展形态与模式。智能城市不仅可以从经济、社会及服务方面给予市民直接的利益，更能让他们实时感受到触手可及的便捷、实时协同的高效、和谐健康的绿色和可感可视的安全。智能城市的社会价值主要体现在可以有效解决城市病，拓展产业发展领域，使居民创业、就业、生活满意；其经济价值主要体现在它是城市经济增长的倍增器。

我们提出的智能城市（iCity）定义是：科学运筹城市"三元空间"（CPH），巧妙汇聚城市市民、企业和政府智慧，深化调度城市综合资源，优化发展城市经济、建设和管理，持续提高城市发展与市民生活水平，更好地服务市民当前与未来。简而言之，运筹好城市"三元空间"，提高城市发展与市民生活水平。

智能城市是在新一代信息技术和知识经济加速发展的背景下，以互联网、物联网、电信网、广电网、无线宽带网等网络组合为基础，以信息技术高度集成、信息资源综合应用为主要特征，以智能技术、智能产业、智能服务、智能管理、智能生活等为重要内容，致力于能够自我修正并及时解决城市经济、社会、生态等关键问题的城市发展新形态。

2．城市安全的内涵

随着人们对城市安全度的要求日益提升，城市安全的重要性已日趋突出。城市安全涉及的因素多、面广，是一个错综复杂的综合性工程。如何高效、科学地保障城市居民生活的安全和美好，已经成为当前学术界、工程界、管理界和政府普遍关注的话题。

那么什么是城市安全？城市安全的实质就是城市生活、运行发展和功能作用的一种无风险状态。随着智能城市的发展，城市的管理趋向于智能化、协同化、统筹化，城市安全的概念也随之进行着智能化、协同化、统筹化的转变。

综合城市发展的各个阶段，城市安全的内涵一直在不断地丰富。智能城市下的城市安全，涉及历史上所有阶段的城市安全问题，同时又引入了一系列由于智能化带来的其他问题，如机械失控、信息紊乱、系统崩溃等。尽管城市安全的概念随着历史的进化而不断丰富，但是作为城市主体的"人"的安全一直是第一位的。不管是数字化还是智能化，其行为核心都是作为城市主体的"人"，其他一切因素均可以归纳为"人"的承载物。因此，我们可以认为，城市安全所追求的最终目标是：社会主体的"人"和社会主体所承载的"物"的安全。

3．城市安全智能化

什么是智能城市？中国科学院院士姚建铨曾指出："智能城市要满足安全、高效、和谐、有序、绿色五大标准，而安全是第一位的。"智能城市首先必须是一座安全的城市。安全问题事关城市居民的人身安全、财产安全和生活质量，也关系到城市的形象，是智能城市建设首先要解决的重要问题之一。

　　利用大数据、云计算、人工智能、地理信息系统等新一代信息技术的智能城市建设不仅给城市居民生活带来了便捷、智能，同时也改变着传统的城市运行和管理模式。在城市交通安全上，利用道路、车辆等视频数据，能够实时掌握城市交通安全的现状，通过对数据的智能分析，能够辅助预警、决策，有效减少交通违法事件发生的可能性；利用视频监控、图像识别、数据分析等信息技术协助公安机关侦破案件、进行犯罪预测，防止犯罪案件特别是大规模暴力或恐怖犯罪活动的发生；积极运用大数据、云计算技术，从海量的人流、物流、信息流、资金流中及时发现涉恐线索，防止城市恐怖事件发生；利用 GIS、大数据、云计算等信息技术，能够有效地监测环境安全态势，并为环境治理提供科学的决策依据，等等。信息技术已经在城市安全的多个领域得到了广泛运用，为城市安全提供了有效的保障。随着城市智能化建设的不断深入，信息技术为城市安全智能化提供技术支撑，并且服务于智能城市，成为智能城市的重要组成部分。

　　4. 我国城市安全智能化的建设历程

　　（1）从科技强警到平安城市建设。我国的平安城市建设，始于 1996 年公安部出台的《"九五"公安工作纲要》中提到的坚持走"科技强警之路"。2003 年，公安部发起第一批"科技强警"示范城市建设。北京、苏州、杭州等 21 个城市成为首批试点城市。2005 年，中共中央办公厅、国务院办公厅转发了《中央政法委员会、中央社会治安综合治理委员会关于深入开展平安建设的意见》。2005 年，公安部牵头的"3111"工程，确定了 22 个试点城市。2006-2007 年，展开了第二批"科技强警"38 个示范城市建设工作。与此同时，"3111"工程二期 66 个试点城市建设也于同年开始，拉开了平安城市全国建设的帷幕。经过前期的"科技强警"和"3111"工程的建设，已初步形成了报警和监控系统框架体系，推动了公安部门的信息化建设，提高了公安机关的管理和服务效率的水平，同时也促进了安防产业的快速发展。

　　（2）从平安城市的全面建设到大数据时代的智能城市建设。平安城市旨在通过信息技术手段实现对城市的管理和运行的有效保障，提升城市的安全防范、应对能力，构建平安和谐的城市居住环境。平安城市的建设经历了前期以治安监控为重点、安防建设为主，逐渐发展到利用安防技术、安防基础设施建设和公安部门应用信息技术手段提升城市治安管理水平，从一线城市到二三线城市建设的纵向全线深入展开。随着我国智能城市概念的普及和建设的逐渐落地，平安城市的建设已逐渐从社会治安信息化建设逐渐过渡到智能交通、消防服务、环境保护、灾害预警、应急指挥和决策等内容为一体的智能城市建设的重要组成部分。通过整合所有与城市安全密切相关的资源，通过信息互通、资源共享，对城市的管理机制和流程进行重构创新，构建安全、稳定、智能的城市运行体系。

随着大数据时代的到来，以及物联网、云计算等技术的快速发展，城市安全建设逐步迈向数字化、智能化之路，大数据已成为智能城市安全建设的重要资源和手段，通过运用智能城市运行中产生和收集的海量数据以及智能分析的结果，打造标准、通用、便捷、智能、安全、舒适的智能城市安全体系，开创"平安城市"建设的新篇章。

（二）城市安全系统体系构架

改革开放以来，我国城市化进程迅速发展，已经形成了以经济为核心的若干城市群落，城市为经济发展和社会进步带来了巨大的效益空间，但同时城市的发展具有典型复杂系统特征，城市建设中的设施、结构和系统规模越来越趋向复杂庞大，它们之间的关系存在各种耦合关联，因此深入分析城市安全体系架构是实现科学有效的城市公共安全保障的重要基础。

一般认为，城市安全体系是指在法律、政策和制度的作用下，由政府主导，通过各种体制机制和技术手段对社会公众和社会运行实施协调、控制和引导等管理措施，从而有效地预防、化解和回应各种城市灾害和突发事件。

从理论框架上讲，中国工程院院士范维澄（2014）就曾经提出了公共安全体系的"三角形"模型，他认为纵观安全事件从发生、发展、灾害形成和采取紧急措施的全过程，存在三个主体贯穿事件始终：第一是突发事件本身；第二是灾害作用对象，也可以称为"承灾载体"；第三就是采取的应对措施，即"应急管理"。因此，突发事件、承灾载体和应急管理就构成了三角形的闭环框架。他进一步深入分析了三个主体各自的属性和相互之间的联系规律，强调在安全事件发生后首先要了解突发事件的风险程度和演变规律。再从承灾载体的角度出发，深入分析承灾载体在遭受突发事件产生的能量、信息和物质的作用后的状态和变化，也就是可能发生的衍生、次生事件。最后，考虑如何采取措施来降低灾害破坏力，或者弱化其作用。总体而言，在"三角形"模型的框架体系下，认识突发事件本身、增强承灾载体的承受能力、阻断衍生事件的链生、采取有效的应急措施是实现城市安全保障的核心环节和重要基础。

从技术层面上讲，城市安全体系需要以应急平台系统为核心的应急管理手段和处置工具。应急平台以公共安全科技为核心，以信息技术为支撑，以应急管理流程为主线。软硬件相结合的突发公共事件应急保障技术系统是集风险分析、监测监控、综合研判、辅助决策、预测预警和总结评估等功能于一体的应急预案工具。为了指导国家应急平台体系的建设与运营工作，国家颁布了《"十一五"期间国家突发公共事件应急体系建设规划》《国务院关于实施国家突发公共事件总体预案的决定》《国家应急平台体系技术要求》等相关政策文件。在我国，应急平台的基本构成可以概括为"五层两翼"：基础数据支撑层，主要是为了满足日常突发事件应急管理的需要；数据库，主要包括知识库、案例库、事件信息库、模型库等，为应急管理提供案例经验和基础数据；综合应用系统，主要包括智能辅助方案系统、指挥调度系统、模拟演练系统、应急保障系统等，应用广泛、业务全面；前端展示与信息发布系统，主要将应急处置信息、指挥调度信息和预警信息向各相关单位进行输送发布。除此之外，还包括移动指挥平台、相关的法律法规和安全保障体系，这些都是支撑整个应急平台运行和发展的重要基础。袁宏永等（2013）在对我国应急平台体系建设的研究中指出，随着物联网、云计算等新兴技术的普及，目前我国应急平台建设从纵向的各级政府到横向的各业务部门都在如火如荼的建设之中，应急平台的建设不仅提高了我国的突发事件处置能力和应急管理水平，同时也为整个国家安全保障体系的构建提供了新的思路和内容。

从组织保障上讲，城市安全公共安全体系是集事故预防、灾害发生、应急管理和灾害处置于一体的管理体系和机制，其中各个环节都需要政府部门进行有效的组织协调。因此，只有理顺综合组织结构、整合各部门资源、明确好各方责任才能建立起完善的城市安全体系。朱海波（2009）在对广州市安全体系建设的研究中提出，在组织结构上，应该形成以政府为主导、多方协作、共同承担安全责任的组织架构，要在政府层面成立专门负责城市安全管理工作的城市公共管理中心，并承担城市安全意识宣传、安全应急准备、预警预测、媒体沟通、事件集中指挥和信息资源编制等主要工作。在安全事件爆发时，政府要发挥组织领导的作用，维持社会正常秩序，保证高效快速的救援；市民和其他团体组织则要在能力范围内有序地进行协助救援和自救工作，防止现场混乱。

二、国内外城市安全智能化的发展现状

（一）国外发展现状

国外城市安全智能化的发展由于各国国情的差异，其关注点各不相同，但整体上都是从城市防灾与防卫两个视角入手。

1. 美国纽约：数据库与通信系统的成熟应用

纽约是美国的金融经济中心、最大的城市、港口和人口最多的城市，在四个传统"全球城市"中位居首位，它的一举一动无时无刻不在影响着世界。纽约在商业和金融方面发挥了极为重要的全球影响力，它左右着全球的媒体、政治、教育、娱乐与时尚界，联合国总部也位于该市。纽约的发展经历了两个历史性的飞跃，第一个飞跃是从普通港口城市成为美国的首位城市，第二个飞跃就是纽约成为全球性城市。在城市快速发展的过程中，纽约经历了人口膨胀、交通拥堵、贫富差距增大、医疗资源短缺、犯罪率居高不下，甚至于恐怖袭击等城市安全问题。步入新世纪的纽约，对城市安全的关注更加重视。

随着电子计算机和互联网应用日益广泛，信息化技术迅猛发展，网格

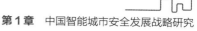

化、物联网、云计算、信息共享与通信逐渐热门，这些高科技手段逐渐成为纽约城市安全的重要支撑。早在 1994 年，纽约市警察局局长布莱顿上台后主持开发创建了一种新的警务模式，俗称"Compstat"，全称"Computerized Statistics"。这是纽约市警察局创设开发的一种利用计算机技术即时统计各种犯罪数据，绘制电子犯罪地图，分析犯罪模式和动向，指导优化警务资源配置和明确警察责任的警务模式。Compstat 在后期的应用验证中不断丰富和发展，并在 1996 年获得美国政府创新奖，成为美国政府五个最具创新性、最成功的成果之一。

2010 年 5 月，纽约市警察局又与 IBM 合作，利用 IBM 在收集、共享和处理信息方面的能力，有效地利用数据资源来推进破案进程。IBM 及其商业伙伴 Cognos 共同创建了一个实时犯罪信息库，可以使纽约市警察局更积极、有效地打击犯罪。众所周知，出色的警务工作依赖的是正确的消息资源。纽约市警察局证实，靠数据驱动的警务战略可以极大地降低犯罪率；犯罪信息库提供的整合、实时的犯罪数据更能改变执法方式；能够预见犯罪发生的趋势——避免待其发生后陷于被动局面；能够发现其中的联系，从而加速破案进程；能够从全局出发做出生死关头的重大决定。该实时犯罪信息库凭借对犯罪发生趋势的预见能力，支持更多具有前瞻性的警务战略；通过更有效地收集和分析犯罪数据，获得更快、更高的结案速度；还能更有效地利用纽约市警察局的资源，让每一分税款都能对公共安全的提升做出贡献。

2012 年 8 月，纽约市长迈克尔·布隆伯格又宣布，启用纽约市与微软联合研发的世界先进报警系统。新系统能实时汇总并综合分析各种公共安全数据和潜在威胁资料，为执法人员快速准确应对突发情况提供科学依据。调查人员能够通过新的报警系统即时调阅现场视频录像、犯罪嫌疑人的逮捕记录、与嫌疑人有关的报警电话以及同一地区的相似案件资料；对犯罪嫌疑人和刑事案件进行地理、时间和空间的比较分析，揭示其犯罪模式和行为模式；追踪嫌疑人与其车辆的位置，甚至能追踪到几个月以前；迅速探测并确定现场可疑物品是否具有威胁性等。指挥人员也可以参照各种数据对不同来源的资料进行综合分析，制作指挥图，见图 1.1。①

图 1.1　纽约警察局—微软开发的 DAS（Domain Awareness System）

纽约市消防局建立的"网络指挥"系统是数据库与通信技术成熟应用的另一典范。城市安全应急指挥对提高协调和整合资源、应急决策、现场行动的效率和安全，使各有关参与者成为一个有机的整体起着决定性的支撑作用。纽约市消防局基于信息共享所建立的由"声音、图像、数据"构成的"网络指挥"设计，是对传统方式的突破，可以认为是一种应急指挥的新范式。"9·11"以后，纽约市消防局经过不懈努力，开发了"网络指挥"系统。这个系统包括多个项目并最终建成一个全方位信息共享的平台。出发点是通过获取和使用相关信息，让救援人员充分掌握现场局面，做出正确决定协调各方行动。"网络指挥"是基于现代网络技术和通信技术的立体指挥网，集成了声音、视频、数据的汇集与分析，整合与共享，传输与发布，通信与指挥。该系统全面增强了纽约消防局的现场沟通、救援能力与指挥调度能力，同时，作为一个智能系统，参与机构系统越多、规模越大，它整合的资源就越多，智能化程度就越高（马庆钰等，2011）。

① 纽约启动先进城市报警系统，新华网，2012 年 8 月 8 日。

2. 欧洲—斯德哥尔摩：完整的城市安全产业链

斯德哥尔摩，瑞典首都，也是该国第一大城市，瑞典国家政府、国会以及皇室的官方宫殿都设于此。斯德哥尔摩地理环境复杂（海岸线、河流、半岛），气候恶劣（冬季 −20°），人口众多（占全国 22%），严重依赖公共交通，而且公交模式多、网线复杂、相互干扰严重（地铁、公共汽车、火车、电车、轮渡、机场、港口）。公共交通安全是斯德哥尔摩城市安全建设的一大重点。

瑞典最大的交通公司 Stockholms Lokaltrafik（SL），负责大斯德哥尔摩地区的公共交通服务，该公司投资 2500 万英镑用于公共交通安全系统建设。通过近 5 年的努力，瑞典的公共交通系统已成为世界上最安全的系统之一。网络摄像机安装总数超过 15000 台。摄像机、警报器和警示系统都能连接到中央安全站，中央安全站负责监测和维护城市公共交通中的安全（King，2007），见图 1.2。

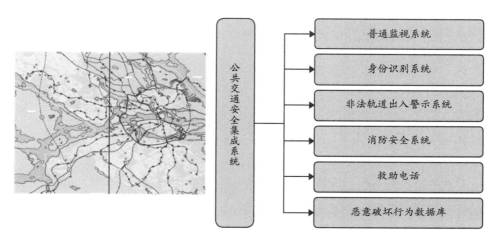

图 1.2　斯德哥尔摩的公共交通安全集成系统

城市安全系统还离不开信息与通信技术（ICT）的支持。以西斯塔科技园（Kista Science Park）为中心的东部地区形成了斯德哥尔摩的 ICT 集群，见图 1.3。KISTA 科技园是全球第二大科技园，园区面积达 200 万平方米，办公面积 110 万平方米。目前，园区内企业超过 1000 家，雇员 3 万多人，其地位仅次于美国硅谷，因其在无线通信领域的突出优势而被称为"移动谷"。

Year	2007	2008	2009	2010	2011	2012
ICT-companies	525	501	608	1075	1016	1168
Employees ICT	20187	20646	22718	23699	24856	23973
All companies	4731	4282	4651	8500	8689	9987
Total employees	62248	63749	65550	67172	70815	72346

图1.3　西斯塔科技园 ICT 产业（资料来源：KISTA 官网）

3. 日本：完善的应急管理体制

由于日本列岛处于太平洋板块和欧亚大陆板块交汇处的火山地震带上，地壳运动活跃，所以日本是地震多发区，全世界大约 20% 的地震发生在日本。日本人口密度高，地震强度大，海啸常与地震伴生，但自然灾害死亡人数仅占世界的 0.4% 左右。这主要得益于日本政府将应急管理作为一项重要任务，建立了现代化的应急管理体制机制，形成了强有力的应急保障能力。灾害发生时，日本提倡"自助、互助、公助"相结合的原则。首先是居民"自助"，然后是邻里，社区"互助"，最后是政府"公助"。除了行政手段和"三助"原则，技术措施也是必不可少的。完善、高效的信息网络系统，是日本实施应急管理最为关键的依托。日本利用其先进的监测预警技术系统，实时跟踪和监测天气、地质、海洋等变化，分析重大灾害可能发生的时间、地点、频率，据此研究制定预防灾害的计划。同时，定期组织专家及有关人员对灾难形势进行分析，向政府提供防灾减灾建议。卫星通信网络、可视电话系统和直升机电视传输系统三大信息网络能保证在受灾时，各级、各类应急救灾机构可以进行紧急联络和信息收集、传达。[①]

美日欧等发达国家城市化进程最早开始于 20 世纪 50 年代，经历了城市化、郊区化、逆城市化和再城市化四个主要阶段的漫长历程。无论是城市安全理论发展，还是实践经验都比较成熟，城市安全体系架构也更加完善、合理。从上文的探讨和描述中我们不难发现，国外成熟的城市安全管理具备一

---

① 日本开展应急管理工作的做法与启事——青岛市应急管理考察调研小组赴日调研报告，中国应急管理，2010 年 10 月 18 日。

些比较一致的共性特征。具体来讲，发达国家的城市安全中枢决策系统更为强大，组织结构更为健全，应急管理法律体系更为完善，社会参与力量更为广泛，多元化、立体化、网络化的应急管理体系已经逐步成型，这些都对我国的城市安全建设具有一定的借鉴意义。

（二）国内发展现状

1. 政策保障与地方建设同步推进

自 2005 年以来，中共中央办公厅、国务院办公厅转发了《中央政法委员会、中央社会治安综合治理委员会关于深入开展平安建设的意见》，全国拉开了平安城市建设的序幕。目前，大部分的一二线城市已完成平安城市基础设施的建设，多个城市已制定平安城市建设规划和方案，明确了短期、中期和长期的建设目标、思路和规划蓝图。

2013 年下半年，随着国务院批复国家八部委联合制定的《关于促进智慧城市健康发展的指导意见》，智慧城市建设已经正式纳入国家级发展战略。中央政府和各部委相继出台了智慧城市发展规划，地方相关法律法规和发展环境也在逐步完善，已形成了以"新四化"为战略定位，以试点助推智慧城市战略实施的总体发展布局。截止到 2014 年底，全国智慧城市试点已达到409 个。住建部智慧城市试点两批 202 个，科技部智慧城市试点 20 个；工信部信息消费试点 68 个；发改委信息惠民试点 80 个；工信部和发改委"宽带中国"示范城市 39 个，覆盖了东、中、西部地区，80% 以上的二级城市明确提出建设智慧城市的发展目标。

随着《促进大数据发展行动纲要》、《互联网＋》等政策的发布实施，智能城市安全建设迎来了全面发展的新时期。《促进大数据发展行动纲要》指出，要"加强对社会治理相关领域数据的归集、发掘及关联分析，强化对妥善应对和处理重大突发公共事件的数据支持，提高公共安全保障能力，推动构建智能防控、综合治理的公共安全体系，维护国家安全和社会安定"。要"结合新型城镇化发展、信息惠民工程实施和智慧城市建设，推动传统公共服务数据与互联网、移动互联网、可穿戴设备等数据的汇聚整合，开发各类便民应用，优化公共资源配置，提升公共服务水平"①。各级地方政府根据国家顶层规划的战略部署、时代发展的必然趋势和智能城市建设的实际需求，基于早先平安城市建设的经验，积极探索智能城市公共安全的建设理念、思路和规划，大数据、云计算等新一代信息技术在城市安全的应用上已试验性展开。如作为"智慧银川"首期建设项目的重点之一，银川智慧型平安城市已经颇具规模。银川平安城市以大数据为基础，旨在重塑城市应急管理体制，在系统落成后，将实实在在地发挥数据价值，从公共交通、城市管理、旅游安全等各个方面带给老百姓更美好的生活体验。2014年，湖北省公安局开始搭建全国首个公安云平台，目标是构建全省统一的基础设施资源池，全面整合全省公安信息资源，建立全覆盖、横向集成、纵向贯通的信息网络。"湖北公安云"为全警提供自主研发的86个实战模块，支持海量信息"一键式挖掘查询、一站式分析比对"，能够帮助公安民警随时发现人员的异动情况，通过信息比对、分析快速锁定罪犯，极大地提高了公安的实战能力。依托共享资源库，"湖北公安云"还对公安外部单位提供数据核查比对服务，已无偿为省民政厅、教育厅、计生委、人社厅等10余个单位提供支持，如协助湖北省地税局比对全省车辆信息，排查出40万辆"偷漏税"车辆，追缴车船税2200余万元。"湖北公安云"与30个省直部门签订信息共享协议，整合"衣食住行、业教保医"和互联网等信息资源30871亿条，构建起一座相当于2610个国家图书馆藏书容量的公安大数据仓库，形成了全省四级一体化信息资源共享服务体系。

2. 技术提升和基础设施建设齐头并进，为智能城市安全提供基本保障

我国平安城市建设的第一期主要是以基础设施建设为主，第二期在第一期的基础上对基础设施设备性能进行了提升。据不完全统计，经过两轮"科技强警"和"3111"平安城市试点工程等大小项目建设，全国已建成监控系统数万套，摄像头超过2000万个。并且逐渐从最初的简单视频监控、联网，到网络、高清、智能、互通、融合建设，再到以系统平台、云服务、共享平

---

① 国务院关于印发促进大数据发展行动纲要的通知，2015年9月5日

台建设为核心。

随着安防技术和产业的不断发展，大数据、物联网、云计算等信息技术在智能城市安全建设中的应用不断深入，智能分析、图像识别、云存储、数据挖掘技术已成为当前智能城市安全的重要组成部分。随着平安城市的建设成果的显现以及智能城市建设的全面展开，城市基础设施建设不断加强，大数据中心、云平台的建设，依托城市级的安全资源平台和系统不断提升技术应用能力，平安城市建设将顺利地迈向数据高度互联、整合、共享的城市安全智能化时代。

3. 应用多元化，城市公共安全智能化效果出显

（1）交通

大数据、云计算等信息技术在智能城市交通安全中发挥着重要的作用。如，通过分析道路、车辆等视频数据，能够实时掌握城市交通安全的现状；通过对数据的智能分析，能够辅助预警、决策，有效减少交通安全和交通违法事件发生的可能性。各地城市智能交通领域的探索和发展建设相对较早，也较为成熟和完善。

以上海市的智能交通发展为例，上海所有交通路口的信号灯通过对地面车流量变化的感应能智能地调整信号灯的时间，有效提升道路通行能力。不仅如此，道路事故预警系统、车辆查控系统等都成为保障上海市交通安全的有效手段，这些都是上海交警总队开发的"上海市道路交通事故分析预警系统"的应用。该预警系统能够将交通事故违法数据在 GIS 地图上进行撒点定位，对道路交通事故多发点进行有效预警。同时，将民警现场执法数据在多发点段上进行定位，指导路面执勤民警开展有针对性的执法管控。通过预警系统，上海市全市的道路交通安全状况实现了"运筹帷幄之中，决胜千里之外"。据统计，使用该系统以来，上海交警挂牌治理的事故多发路段，交通事故死亡率总体下降 50% 以上。通过建立航空流量管理和决策平台系统，为航班的安全保驾护航。不仅如此，上海交通部门还汇聚气象、环境、人口、土地等行业数据，逐步建设交通大数据库，提供更为完善、科学、智能的交通安全决策支持管理手段（张士宏，2013）。

（2）城市治安管理

智能城市公共安全最早、最为全面、成熟的方向就是城市治安管理。从平安城市建设时期的"天眼工程"视频监控系统开始，信息技术手段就已应用于城市治安管理中，随着智能城市建设的全面展开以及大数据、云计算等技术和相关技术设施的不断提升，城市治安管理智能化愈发成熟。

利用大数据、云计算、物联网、GPS、图像识别等信息技术对海量的数据资源进行采集、存数、处理、分析，实现警务治安工作的数字化、智能化、科学化。通过大数据的分析、挖掘，从海量数据中"大海捞针"，能够进行犯罪预测，防止犯罪案件特别是大规模暴力或恐怖犯罪活动的发生。如，山东省济南市公安局构建大数据、云计算中心，在实时掌握犯罪轨迹、预判犯罪热点等方面发挥了重要作用。2013年8月，合肥市政府投资5.37亿元着手打造"天网工程"，其综合视频应用平台已覆盖交通、治安、警卫等多个警种，警方可以通过天网系统现场抓获犯罪嫌疑人。该系统还能有效地服务于社会综合治理、突发事件应急决策等公共安全领域。2011年，湖北省公安厅提出"运用云计算服务公安实战"的信息化发展思路，并率先启建"湖北公安云"。通过对内外部海量数据的整合，形成数据资源池，实现全省内警务数据的共享。湖北省公安厅与30个省直部门签订信息共享协议，整合各种资源信息万亿条，形成庞大的数据仓库，形成了全省四级一体化信息资源共享服务体系，并可为省民政厅、教育厅、计生委、人社厅等10余个单位提供支持。

（3）突发事件预警与应急处置

城市突发的灾害事件涉及自然因素与人为因素、传统安全和非传统安全因素等多重因素的交互，对事件的预警、应急处置尤为困难。利用信息化手段对城市安全事件各种相关因素的动态数据信息和历史数据信息进行分析、判断、评估和预测，能够有效识别潜在的灾害风险和发展的态势，排查各类安全隐患，及时发出预警信息，提升应急响应的速度和能力，大大降低事件发生的概率和可能带来的损失。

我国在灾害应急管理的智能化应用上也有较为成功的应用案例，在四川

雅安的地震发生 4 小时后，外界媒体获取有效信息，并结合有价值的航空影像数据来了解和分析灾害情况，及时制订出了救援计划。东莞市建立了平均间隔密度 5 千米 × 5 千米的全市气象监测网，气象灾害监测数据每 5 分钟更新一次，10 分钟内气象数据可实时通过网站、微博、微信等传播渠道为公众所获取，气象预警精细到镇街。我国部分城市也已颁布基于信息技术的智能城市建设的应急管理建设规划。北京市《智慧北京行动纲要》提出，北京在"十二五"期间实现城市安全智能保障计划，完善智能应急响应体系。上海市发布的《上海市推进智慧城市建设 2011—2013 年行动计划》提出城市运行安全的重点专项，计划建成具备监测、灾害预报预警、预警信息发布等功能的多灾种早期预警系统，提高对重大气象灾害及其衍生的突发公共安全事件的应急处置能力。

（4）反恐

在国际上利用信息技术手段进行反恐已然成为一种必然的趋势。美国、以色列等国家是最早在反恐中使用大数据等技术的国家，其已成功地将信息技术应用于反恐之中。如，在 2013 年，美国波士顿马拉松恐怖袭击事件发生后，政府部门利用大数据分析，极大地提升了此次恐怖事件侦破的效率。大数据分析在以军的情报部门早已被广泛使用，用来追踪和预防恐怖分子的行动。

我国利用信息化手段进行反恐的经验虽然不及美国成熟，但也处于积极的探索之中。国家反恐怖工作领导小组组长、公安部部长郭声琨 2015 年考察调研国家反恐怖情报信息平台时指出："积极运用大数据、云计算技术，着力提升情报感知、研判、分析能力，从海量的人流、物流、信息流、资金流中及时发现涉恐线索，做到预警在先、预防在前、敌动我知、先发制敌。"2012年，科大讯飞与公安部联建"智能语音技术公安部重点实验室"，将声纹识别、语种识别等技术应用于公安、国防、反恐等部门。2014 年 3 月 1 日昆明暴恐事件中，相关部门对视频数据的分析在案件侦破过程中起到了重要作用。

（5）环境、消防、食品安全等

在环境、食品安全、消防、城市管理等城市公共安全领域智能化建设上，我国同样也有着成功的探索和实践。

欧洲智能城市的建设更多侧重环境领域，像瑞典的斯德哥尔摩等是典型的环保型智能城市。在我国，也同样将信息技术应用于改善城市环境、保障城市环境安全方面。我国每年产生亿吨以上的垃圾，城市化和工业化的发展带来了大量的粉尘、尾气等有毒气体，城市环境安全问题尤为紧迫。充分利用大数据、云计算等信息技术，对影响城市环境安全的相关数据信息进行采集、整合、处理分析，能够有效地监测环境安全态势，并为环境治理提供科学的决策依据。2006 年，国内学者创立了公众与环境研究中心，主持开发了"中国水污染地图"、"中国空气污染地图"和"固废污染地图"，建立了中国水污染和空气污染数据库，将环境污染情况以直观、简单、易懂的图表进行展现。通过这个数据库，可以了解全国数百个城市的水质、污染排放等信息。北京海淀区利用地理信息平台收集环境数据，整合全区七大类、140万个基础数据，为区内环境整治提供了详实可控的数据，全区 2000 余个摄像头可实时调取图像，将数据与图像进行关联，通过关联分析和深度挖掘，了解环境问题实际情况和深层次原因，根据分析结果进行科学、合理、有针对性的整治。

消防安全是城市公共安全的重中之重，关乎着人民群众的生命财产安全。我国在城市消防安全领域已有了初步的探索和实践。广州市建立了智能消防系统，报警人只需拨打 119，系统将立刻定位报警人当前位置，并调用位置所在区域监控摄像头，确定灾情地点和火势情况。

"民以食为天"，近年来食品安全问题层出不穷，保障食品安全刻不容缓。智能化的手段为食品安全的监督管理提供了有效的支撑，如食品安全溯源体系建设就是大数据时代食品安全监管的有效手段。2013 年 4 月国务院办公厅发布的《2013 年食品安全重点工作安排》中提出，统筹规划建设食品安全电子追溯体系。贵州省重点打造的"七朵云"之一的"食品安全云"，消费者通过手机软件"扫一扫"便可得知食品信息。

信息技术还在很多其他方面的城市安全领域得到了广泛运用。如浙江省宁波市首创危化品运输车辆动态监控平台，大大提高了危化品安全监督管理水平。秦皇岛市气象局与秦皇岛市城管局合作，依托"平安城市"平台，积极探索将气象服务融入秦皇岛"智慧城市"建设，对全市重点交通地段的积涝和道路结冰进行实时观测，提高气象保障城市安全能力等。

4. 市场前景宽广，政企合作共谋智能城市安全

（1）应用广、市场需求大

数据显示，我国 2014 年安防总产值 4300 亿元，其中安防产品总产值 1700 亿元，安防工程市场产值 2300 亿元，报警运营服务及其他为 300 亿元。根据《安防产业"十二五"规划》所提出的目标，安防产业规模 2015 年总产值达到 5000 亿元。MarketsandMarkets 市场调研数据显示，2015 年安全数据分析市场达到 21 亿美元，预测 2020 年将达到 71 亿美元，安全数据分析市场的未来将有着广阔的发展空间。

前期大数据、云计算等新一代信息技术在安防产业的应用还不够深入，更多的是政府来投资建设和应用。但随着智能城市建设的全面展开和平安城市、平安中国的继续推进，未来的前景十分广阔。当前安防产业主要集中在视频监控和智能交通两个关注度较高、需求较迫切、应用较为成熟的领域。随着城市安全智能化探索的不断深入，在食品药品安全、反恐、公共管理、环保、气象、应急产业等领域的应用将全面展开，未来智能安防市场将迎来百花齐放的光明前景。

（2）多元化合作

前期我国的平安城市、智能城市建设更多的是以政府投资为主，随着智能城市建设的全面展开，以及大数据和互联网＋带来的红利逐渐显露，越来越多的企业寻求和政府共谋合作，共建智能城市。如，2014 年 5 月，中国气象局公共气象服务中心与阿里云达成战略合作，共建中国气象专业服务云，中国气象局积累的气象数据和阿里集团的海量数据将双双融合，通过阿里云计算平台变成可直接利用的鲜活数据。这些数据会被提供给有需要的企业，指导企业合理经营，规避风险。中国气象局还与高德地图展开合作，以便能够提前预警。上海市正在准备建立智慧应急产业联盟。科大讯飞与公安部在反恐领域也展开了合作。像百度、阿里、腾讯、浪潮、华为等互联网和科技巨头在智能城市建设上已与多个城市展开全面性的合作，未来政企合作的模式也将更加深入、更加全面、更加成熟。

三、我国智能城市安全的建设需求分析

（一）智能城市安全面临的新形势

1．"城市病"问题凸显

近 30 年是我国城市化的高速发展期，与高速城市化如影随形的，不仅是美好的生活，同时也伴随着"城市病"。由城市发展研究院组织编纂的《中国城市"十二五"核心问题研究报告》中指出，"十二五"是城市发展的关键时期，也是"城市病"的多发时期。"城市病"是对城市问题的一种非常形象的说法，是指一国在城市化发展进程的某个阶段出现的各种社会、经济、生态发展问题，进而导致城市生存和发展的负面效应。"城市病"是智能城市建设与发展的重要原因，也是影响城市安全的重要威胁。

人口问题。城市通常具有很强的人口聚集能力，随着科技进步和人们观念的转变，农村释放出的大量剩余劳动力涌向城市，城市人口剧增。根据专家估算，在今后 10 年内将有 8.7 亿中国人生活在城市中，约占人口总数的一半，人口结构的日益复杂和人员流动的不断加快在一定程度上为城市发展造成了安全隐患，也是交通问题、环境问题和社会问题产生的重要根源。

交通拥堵。改革开放以后，交通行业不断发展，地铁、公交、飞机、火车等多种出行方式方便了人们的日常生活，但是由于农村劳动力的转移和城市化进程的发展，这种改善仍然赶不上城市人口的增长速度，再加之近年来机动车辆呈井喷式增长，某些城市布局不合理，导致城市交通形势严峻，很多大城市已经成为名符其实的"堵城"。

资源匮乏。近年来，钢铁、水泥、电解铝等重化产业投资过热、增长过快，高投入、高消耗、低产出、低效益，以致煤、油、电运营高度紧张，粗放型增长严重，经济发展付出了很大的资源和环境代价，资源浪费现象十分严重。另外，由于城市人口不断膨胀，城市资源有限，城市承受力明显不足。

环境恶化。在新中国成立初期，国家坚持以经济建设为中心、不惜以牺牲环境为代价，片面追求 GDP 的增长，走上了"先污染后治理"的错误发展之路。据统计，我国有大约 200 多个城市严重缺水，95% 以上的水资源遭受到严重破坏，很多地区雾霾严重，大气层中的氮氧化物和硫化物等不仅危害着市民的身心健康，同时形成酸雨后对土地和庄稼造成了大面积破坏。

2. 总体国家安全观下的城市安全观

城市安全的内涵源自于国家安全的内涵。在古代，一个城市通常具有一个国家的所有特征，它是由城市安全所受到的威胁和各城市根据各自环境所制定的安全目标所决定的。从另一方面来看，城市是国家的政治、军事、经济和文化中心，国家安全是城市安全的结果，城市安全是国家安全的保障。在全球一体化的背景下，城市安全已经成为国家安全的战略重点和关注焦点。

2014 年 4 月 5 日，习近平总书记在中央国家安全委员会第一次会议上首次提出了"总体国家安全观"的概念，并提出要"构建集政治安全、国土安全、军事安全、经济安全、文化安全、社会安全、科技安全、信息安全、生态安全、资源安全、核安全等于一体的国家安全体系"[1]。"总体国家安全观"强调以整体的、全面的、联系的、系统的观点来思考和把握国家安全问题。

城市安全是国家安全在城市中的缩影，从全球范围来看，当前城市土地面积只占全球土地面积的 30%，却集中了超过一半的人口，创造了全球 70% 的产值和 80% 的基础设施。中国北京、上海，美国纽约、华盛顿，日本东京，英国伦敦等众多特大型城市形成了影响全球的金融中心、科技文化中心、经济中心、金融中心、交通枢纽，城市发展推动了人类社会精神文明和物质文明的不断进步，为国家乃至全世界的快速发展做出了突出贡献和取得了卓越成就。

3. 网络安全与信息化

信息化对社会的价值已经发生悄然的变化，从最初单纯地将数据信息存

---

① 习近平在中央国家安全委员会第一次会议上的讲话，新华网，2014 年 4 月 15 日。

储到计算机里到如今对信息数据进行资源管理，从大量的手工作业到如今智能信息整合和信息搜索，从提升效率、降低成本的辅助工具到全面支撑社会发展的支柱产业，信息化技术在各系统各业务间不断渗透融合，整个社会已经从信息化初步阶段向更高层次发展迈进。信息化 1.0 时代已经过去，"面向用户、注重服务"的信息化 2.0 时代已经来临。

在信息化 1.0 时代，信息孤岛比比皆是，信息化只是完成了简单的储存、搬运和计算的功能，其经济价值和社会价值还没有更好地被挖掘。而在信息化 2.0 时代，信息更加融合、开放、协同，人类成为信息的驾驭者，更加善于运用信息技术手段来实现资源管理、物通物联和智能生活。人们可以更加便捷地产生、储存、整合、传播和使用各种数据信息，并根据自身诉求提出对产品和服务的个性化需求。信息化 2.0 对社会经济、文化、民生、政治等方面产生了深刻的影响，也对国家信息化建设提出了新的要求和挑战。

如今，信息化 2.0 时代已经全面来临，并贯穿于人类社会的方方面面、各行各业。根据 CNNIC 第 35 次《中国互联网络发展状况统计报告》，截至 2014 年 12 月，我国网民规模达 6.49 亿，全年共计新增网民 3117 万人。互联网普及率为 47.9%，较 2013 年年底提升了 2.1 个百分点。其中，我国手机网民规模达 5.57 亿，较 2013 年年底增加 5672 万人，网民中使用手机上网的人群占比提升至 85.8%。我国网民中农村网民占比 27.5%，规模达 1.78 亿，较 2013 年年底增加 188 万人。城镇网民增长幅度较大，相比 2013 年底增长 2929 万人。中国互联网普及率稳步提升，网络应用持续快速增长，互联网已经成为人民群众工作和生活中的一项基本工具（中国互联网信息中心，2015），见图 1.4。

随着信息化水平的不断提升和广泛应用，其不确定性和复杂性也随之增加，网络安全问题也日益加重，黑客侵袭、突发访问、蠕虫传播，网站攻击和网络故障等安全隐患不断破坏着网络环境。调查显示，2014 年，总体网民中有 46.3% 的网民遭遇过网络安全问题，在安全事件中，电脑或手机中病毒或木马、账号或密码被盗情况最为严重，分别达到 26.7% 和 25.9%，在网上遭遇到消费欺诈比例为 12.6%。本次调查显示，有 48.6% 的网民表示我国网络环境比较安全或非常安全，49.0%的网民表示互联网不太安全或非常不安全，因此增强网络信息安全的态势感知、监测预警、应急处理和执法能力，深化网络安全应急管理，实现可信、可靠、可控的网络安全服务体系迫在眉睫。

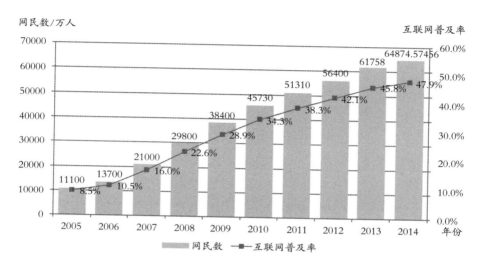

图1.4　2005—2014年中国互联网发展变化图

4. 非传统安全

安全可以划分为传统安全和非传统安全。一般认为，传统安全主要是由某些经济、社会、自然等因素引起的对人类生产生活造成威胁的一系列安全问题。近年来发生的汶川地震、印度洋海啸、天津"8·12"爆炸事件、深圳泥石流事件都属于此类。而随着城市现代化的不断迈进和高新技术的日益发展，伴随而来的新兴社会风险对社会生活和自然环境的威胁也在不断积累、加大，一些非传统安全问题随之显现。非传统安全是相对传统安全威胁而言的，又称为"非传统威胁""非常规安全"和"新安全"。它是20世纪90年代的"舶来品"，是指除政治、军事和外交以外对人类社会发展和国家主权完整构成威胁的各种因素，如信息安全、金融安全、海洋安全、生态安全、科技安全、跨国犯罪、能源安全和恐怖主义等，涉及范围更广，影响程度更深。

信息安全。2011年5月，美国军火商洛克希德·马丁公司遭受网络攻击，导致部分机密、武器资料泄露。2011 年 6 月，花旗银行承认攻击者攻击其系统，并设法窃取约 36 万名感染客户的信用卡密码，花旗银行损失达到 270 万美元。

金融安全。1995 年 2 月 27 日，英国投资银行——巴林银行因经营失误导致 14 亿美元的亏损而轰然倒下。始作俑者是其驻新加坡巴林期货公司总经理尼尔·理森（首席交易员）。一个人的失误，导致一个有着 232 年历史的银行瞬间消失。

海洋安全。2011 年 6 月，中海油渤海湾一油田发生漏油事故，油田单日溢油最大分布面积 158 平方千米，使周围海域 840 平方千米的 1 类水质海水下降到劣 4 类。当地渔业养殖面积共 23000 多公顷，涉及 160 多户养殖户。据当地水产养殖协会初步估计，损失在 3 亿元左右。

生态安全。2011 年 3 月 11 日，日本发生历史上最强烈地震及最强烈海啸。9.0 级的地震引发最高达 10 米的大海啸，造成福岛核电站核泄漏。3 月 25 日，东电公司对外公布称，福岛核电站 3 号机组现场涡轮厂房地下积水中的放射性物质浓度高达普通反应堆积水的 1 万倍左右。日本政府连续扩大居民疏散范围至半径 30 千米。

与传统安全相比，非传统安全的防御难度更大、爆发方式更隐蔽、危害程度也更深。从安全的内涵和主体来讲，非传统安全的主体呈现出多元化特点，向上延伸至体系层次的国家安全和人类社会，向下扩展至微观地区和个人，包括集体安全、全球安全、地区安全、人类安全和个人安全等，且涵盖了经济、政治、军事、文化、环境等众多领域，是一种综合性安全问题。从治理难度和危害程度来讲，非传统安全一般扩散性非常强，一旦爆发就会形成很强的惯性，对人类生存和发展构成更大的威胁，短期内难以化解消除。从爆发方式来讲，非传统安全的爆发一般呈渐进式发展且较隐蔽，在爆发临界点前一般不会表现出明显的迹象，很容易被人忽视，然而当其一旦冲破临界点就会转化成难以挽回的安全问题，造成无法弥补的损失。

在当今社会，卫生安全、工业安全、自然灾害等依然不断威胁着人类生活和国家安全，而在以工业化、城市化为标志的智能城市，还要面对不断涌现出的能源匮乏、网络安全、环境污染和跨国犯罪等非传统风险，见表1.1。因此，智能城市安全正同时面临传统因素与非传统因素的交织影响，在多重风险共生的局面中不断探索城市安全的最佳路径。

表 1.1　现代社会中影响公共安全的因素与类型

影响公共安全的因素		分类	具体种类
传统安全	经济因素	交通运输安全	铁路、公路、航空、海运、管道、重要桥梁等
		生命线安全	煤、油、气、电等
	公共卫生因素	人体卫生安全	传染病、流行病、职业病、食物中毒等
		动物防疫安全	牛、猪、羊、鸡、鱼、虾、贝、蟹等
	社会（狭义）因素	刑事安全	伤害、盗窃、抢劫、爆炸、投毒、绑架、毒品犯罪等
		社会动乱	暴乱、非法集会等
非传统安全	生态因素	海洋生态安全	海水污染、渔业生态失衡、海岸工程毁坏等
		自然生态安全	生物多样性保护、病虫害、森林火灾、水土流失等
	环境因素	废气、废水、噪声、腐蚀性物质、放射性危害等	
	信息因素	国家机密、商业秘密、计算机与网络信息等	
	经济因素	金融安全	银行危机、信用危机、汇率波动等
	技术因素	重要公共技术设施报告	电视台、电台等重要信息枢纽
		高新技术的发现与运用	克隆技术、转基因技术等
	文化与宗教因素	文化冲突、宗教矛盾等	
	政治因素	政治动乱、国家分裂等	

5. 大数据的崛起

大数据时代数据无所不在，已经成为当下社会最鲜明的时代特征。大数据不仅是一种资源，更是我们认识世界的思维方法和工具。英国学者维克托·迈尔·舍恩伯格和肯尼斯·库克耶在其编写的《大数据时代》一书中前瞻性地指出，大数据给我们的生活、思维、工作带来了巨大的改变，开启了一个时代的重要转型。

庞大的数据资源使得所有领域都开始了量化进程，也在城市安全治理、政府决策中发挥着越来越重要的作用，大数据已成为城市社会治理中不可忽视的重要手段。大数据时代的到来，开启了以数字化、智能化为核心的智能城市公共安全建设的新阶段。利用大数据、云计算等相关技术手段对海量数据进行有效的采集、分析和利用，通过数据的开放和共享，打通城市内部的数据孤岛，为我们实时监测、科学预警、精准分析提供基础，给防控城市公共安全风险，构建及时、科学、有效、智能的城市安全管理运行体系提供新途径、新手段，使城市公共安全管理更加科学化、精准化和智能化。

在城市公共安全领域，大数据有着广阔的应用空间。在安防领域，随着平安城市、智能交通、天眼工程等工程的推进，安防监控系统已深入各个领域和地区。依靠大数据分析既可以做到有效的"事前预警"，又可以为抓捕罪犯、打击犯罪提供帮助。美国波士顿爆炸案就是一个运用数据分析迅速查找犯罪嫌疑人的典型案例。在灾害预防方面，通过对地理、气象等自然环境历史数据分析和实时数据的监测、分析，可以及时发现人为或自然灾害，提高应急处理能力和安全防范能力等。2015 年 1 月，纽约等美国东北部地区遭遇了一场罕见的暴风雪，美国国家气象局能够利用遍布全球各地的观测点和气象卫星进行数据计算，提供全球天气未来 8 天的天气精确预测和 16 天的趋势预测，避免了暴风雪带来的严重损失。在交通安全方面，通过对视频等数据的分析，对监测区域进行智能感知，抓拍逆行、闯红灯，车牌识别、车流统计、调节信号灯，使城市交通更加安全、通畅。在能源利用方面，利用移动互联网融合、泛在、互通互联的特点，以及家用电器智能化的发展趋势，实现家用电器在线管理和用电量时段分析，自动获取能源使用情况并进行能源的实时监控，既可以省去人工抄水表等环节，节省人力资源，还可以为电费定价提供合理依据。大数据在城市安全的应用不仅如此，还可以利用信用卡等经济安全类数据，空气质量、食品安全等公共卫生安全数据，危化品运输数据、安全生产监测数据等其他公共安全数据的监测、采集，利用大数据技术挖掘、分析，精准、快速做出评估和预测，有效辅助决策，为城市公共安全提供强大的支撑，保障城市公共安全的方方面面，使城市安全管理与服务更加及时、科学、有效。

可以说大数据为城市公共安全提供了巨大的空间，为城市安全智能化提供了无限的可能，但同时大数据犹如一把双刃剑，在为城市安全提供保障的同时也为城市安全带来了新的安全隐患。在监管体系还不太完善的情况下，大数据成为某些不法分子和敌对势力实施各种违法犯罪活动的新型作案武器，为国家安全和社会稳定带来了极大的威胁。因此，应该牢牢把握互联网条件下大数据的应用手段、方法和原则，建立大数据智能城市安全和风险的理念，有效推动智能城市公共安全与大数据高度、高效的融合，更好地把握城市安全的态势，推进城市智能化的进程，不断提高城市公共安全建设和服务的水平。

（二）智能城市安全系统关键技术

技术平台是整个城市安全体系的重要支撑，也是实现监测预警、互联互通、智能决策等功能的重要手段。具体来说，第一，我们可以通过各类技术手段对城市重要目标和危险源头实施全面实时监控，预防各类突发事件和灾害事故的发生，形成城市安全保护的天然屏障；第二，运用各种机制和科学理论，对城市安全事件做出准确的分析、判断和决策，并以此为依据采取客观准确的救援措施和灾害控制手段；第三，通过各种先进的通信手段、故障诊断和模式识别，协助指挥部门对已发生的安全事件进行辅助决策，有助于快速有效地控制灾情。技术水平的高低直接关系着城市安全体系的有效运转，更直接影响了灾害事故的预防和控制效果。

GIS（地理信息系统）技术。GIS 在城市安全系统中扮演着中枢神经的角色，GIS 是计算机信息技术和地理科学有机结合的产物，它集图形、数据、分析技术于一体，同时具备采集、存储、管理、分析和模拟各种空间数据和图形的能力，可以准确、快速地对各种复杂空间现象进行动态分析和过程识别，再通过各种输出方式来表达分析结果，实现对空间数据的动态管理。张宾等（2005）在城市安全技术平台的研究中就曾经提到过 GIS 技术重要性，基于 GIS 的城市公共安全技术平台可以通过网络技术的融合，实现城市综合系统和各部门子系统的互联互通，从而提高资源共享、安全资讯快速传递和资源配置的效率，满足多部门辅助决策和协同应急的需求。因此，建立以 GIS 为基础的技术平台能够有效应对各类安全危险的挑战，并提高城市安全保障水平，实现从灾害预警、应急反应和灾后处理的全过程的安全保护。

物联网技术。物联网是指通过信息传感设备，按照约定的协议，把任何物品与互联网连接起来，进行信息交换和通信，以实现智能化识别、定位、跟踪、监控和管理的一种网络。它是在互联网基础上延伸和扩展的网络。物联网系统有三个层次：感知层、网络层和应用层。物联网被公认为是继计算机、互联网之后世界信息通信产业的第三次革命浪潮，2013 年国务院发布《关于推进物联网有序健康发展的指导意见》，大力推进物联网技术在城市信息化和现代化建设中的应用和发展，利用物联网带动作用大、渗透性强和融合性高的特点，促进生产生活方式和社会管理的智能化、网络化与精准化发展，物联网利用其先进的网络、传感和智能处理等技术构造了一个包容万事万物的巨大网络，实现了互联网中人与人、人与物和物与物之间的信息交互和共享（王晶等，2011）。中国工程院吴曼青院士在《物联网与公共安全》一书中也专门分析过物联网技术在城市公共安全中的具体应用，物联网技术的发展将在国家公共安全应急信息平台、重大生产事故预警救援、自然环境监测、社会安防等方面全面提升公共安全的科技支撑能力。

可视化技术。"可视化"其实质就是将各种数据信息通过计算机技术转换成更方便展示和操作的图形图像画面，这一技术是几何学、图形学、人机交换和辅助设计等领域的交叉学科。早在 1986 年 10 月，在"图形、图像和工作站"的讨论会上，美国科学基金会第一次正式提出了科学计算机可视化的相关概念，1987 年，由布鲁斯、麦考梅所编写的《Visualization in Scientific Computing》促进了可视化技术在各领域的爆发式发展，到 20 世纪 90 年代，人们在"信息可视化"领域掀起新的研究热潮。可视化技术在城市安全领域的应用越来越普及，由于城市安全规划的过程中涉及的对象种类繁多，数据信息庞大，因此，要高效快捷地使大量的数据被安全规划人员收集、了解、分析似乎变得不太可能，这样会导致信息编辑过程中出现大量的人为错误，而错误信息将会直接影响城市安全规划的可靠性。在国家"十一五"科技攻关项目"城市公共安全规划与应急预案编制及其关键技术研究"中提到，可视化技术为解决上述问题提供了新思路。可视化技术在城市安全规划中主要包括四个方面，即可视化组织，可视化编辑技术、可视化结果和危险源可视化。可视化组织主要是通过对安全规划对象的合理组织和安排以实现数据信息的便捷查询和维护；可视化编辑技术主要是在结合安全规划特点基础上开发标准控件，工作人员只需要根据标准控件对对象的部分参数进行调整便可以完成工作对象创建工作，减少了手工操作的错误率；可视化结果和危险源可视化可以直接通过图形等可视化形式展现规划结果和风险范围，更加直观明了，清楚明白。可视化技术使得城市安全规划工作变得更加可控直观，为工作的顺利完成提供了强有力的技术支撑。

资源优化策略技术。东南大学系统工程研究所王芳教授等提出了在安全投入量不变或者在安全收益已知的条件下，通过城市安全投入产出模型的方法来实现城市资源优化配置，这不仅为城市安全管理者提供了实现城市安全管理目标和安全投入计划安排的有效工具，同时也证明了必需的人力、物力和财力是提高城市安全经济效益的重要保障。

（三）城市公共安全建设中的"四重四轻"

当前，城市安全的建设中往往存在"四重四轻"的现状，一是重硬件建设，轻能力建设，缺少城市安全系统性的规划，缺少对灾害峰值能力的整体设计；二是重应急管理，轻安全监控；三是重信息保密，轻信息公开，民众对有效、准确、及时的公共安全信息有强烈需求，而政府主管部门往往以保密为由搪塞推脱；四是重预案准备，轻预警分析，当前城市安全的各级应急预案工作做得有声有色，在实际工作中发挥了重要作用，但最为突出的预先感知手段却依旧缺失。

1．重硬件建设，轻能力建设

近年来，平安城市遍地开花，硬件基础建设如火如荼。江苏地处东部沿海发达地区，最早开始平安城市工程建设。目前，全省 13 个省辖市，98% 以上的县（市、区）、乡镇（街道）、村（社区），94% 以上的小区、企业、学校、医院等基层单位达到了平安建设标准。从 2005 年起，广东就开始大力推进社会治安视频系统建设。全省已安装 114 万个治安监控摄像头，形成全天候、全方位、多层次视频监控网络，织就了一张平安"天网"。群众看平安，首先看治安。湖北武汉市街头，有 25 万只"天眼"日夜"放哨"，对街头犯罪实施"零距离"监控。湖北率先建成全省互联互通"一张网"，73 万个监控探头中，省指挥中心可以直接调用的探头数达 8 万个。湖北运用各类信息破获的刑事案件占全省破案总数的 6 成多，群众安全感逐年上升。2013 年，合肥建设"天网系统"，新增 1.6 万个摄像头，同时纳入整合社会监控，实现公安内部业务与外联单位业务接入，分层管理，安全可控，实现各个单位之间共建共享。到如今全国各大城市都正在进行或者已经完成了对平安城市的建设与运营，视频监控和全面感知系统实现了基本覆盖，犯罪事件明显减少，城市治安环境逐步提升，为保障城市安全和国家安全奠定了坚实的基础。

城市安全硬件建设已经初具规模，与之严重不符的是城市安全管理能力还相对不足。纵观近年来发生的应急事件和突发事件，无论是天津滨海新区爆炸事件的持续演进，事故原因监察不明，还是地震、泥石流等自然灾害造成的重大生命财产损失都证明了城市安全管理存在各监管部门信息不对称、应急预案编制和演练缺失以及紧急救助体系和运行机制低效等种种问题。在灾害事件中政府相关部门准确的监测预警能力、联动高效的应急保障能力和灾害应对的峰值能力还严重不足。因此，加强能力提升，兼顾软硬实力建设，对于在洪涝灾害、地质灾害、火灾事故、交通事故、生产安全事故、重大传染病疫情、严重暴力犯罪案件、恐怖袭击事件和群体性事件中提高紧急救助水平，迅速、有序、高效地实施紧急救助，最大程度地减少人民群众的生命和财产损失具有重大意义。

2. 重应急管理, 轻安全监控

在城市安全研究和实践领域, 我们时常会把安全和应急混淆在一起。在《现代汉语词典》中, 安全意味着"没有危险, 不受威胁", 而应急则是"应付迫切需要"的意思。从字面理解来看, 安全既包含突发情况, 也包含日常状况, 比应急的概念要大得多。成熟的城市安全管理是包括预防、准备、应对和恢复在内的复杂系统, 应急管理只是其中的一部分。而当前我国大多数城市的城市公共安全管理还是以应急管理为核心, 忽视了预防与监测, 缺少完整的防御体系和监控体系。

2003 年"非典"事件爆发后, 应急管理工作成为城市安全管理的重中之重。国家不仅颁布了《关于加强工业应急管理工作的指导意见》《突发事件应对法》《安全生产应急管理条例》等相关条例, 形成了高效可靠的监测预警机制、应急信息报告机制、应急决策和协调机制, 同时建立了由国务院总理直接领导、应急指挥机构和国务院常务会议密切配合的坚强有力、政令畅通的指挥机构来保障应急工作的顺利进行。在此基础上, 国内绝大多数城市也陆续组建了城市安全应急管理机构, 具有中国特色的"一案三制"应急管理体系也逐渐形成, 其中, "一案"是指国家突发公共安全事件的预案体系, "三制"则是指应急管理体制、运行机制和法制。

围绕"一案三制"应急管理体系, 我国的城市安全管理主要侧重于突发事件的应对和救援, 临时性、应景式和应急性的情况较多, 但是对日常化和制度化的安全管理还不够重视, 定期排查、实时监测的动态防范机制也尚未形成。如城市中的一些加油(汽)站、液化煤气中心、化学物品存放地、部分道路交通和人口复杂偏僻地区监控不严, 缺乏统一的日常管理机制, 就会成为城市公共安全的"雷区"。危机应急从管理学的角度讲是一种比较传统和被动的救灾防灾观念, 而日常监控防范则是一种积极主动的化解手段, 最能体现保障人民群众生命财产安全的目的。因此, 在城市公共安全管理及应急机制建立上, 着力加强日常监控防范机制建设, 对危险源头进行有效控制和预防具有更积极的意义。

3. 重信息保密，轻信息公开

自古以来，中国是一个比较含蓄的国家，在涉及国家安全和社会稳定的信息方面更是三缄其口。在以往很多突发事件爆发后，政府主管部门往往以保密为由搪塞隐瞒，或者由于害怕事态影响扩大或是推脱责任而随意编造，致使广大人民群众无法获悉准确情况，信息不对称，导致"舆论次生灾害"时有发生。

然而，"扎针眼"的传闻、"非典"、"禽流感"等事件的发生和发展引人深思。我国是一个多民族的、人口众多的大国，各种信息、谣言的交杂传播容易引起大面积的混乱。在信息多元化的今天，消息的传播更加肆意，政府已经不可能完全封锁公共安全信息，也无法控制非官方渠道信息的快速传播，一旦情况失控，就会发生诸如挤提现金、物品哄抢和踩踏事故等过激行为，加大了安全问题的治理难度。

公众知情权被保障的过程，就是政府公信力不断提升的过程，也是社会凝聚力不断汇集的过程。政府要对社会公众进行及时正确的舆论引导，利用电视、广播、网站、手机短信、区域短信、电子显示屏等多种通信手段，建立权威、畅通、及时、有效的突发事件预警信息发布渠道，及时发布安全预警信息和事态发展，掌握民众的情绪和社会舆论导向，形成政府、社会、民众安全治理防范的统一推进格局。

4. 重预案准备，轻预警分析

美国"9·11"恐怖事件、国内外大地震、海啸、传染性疾病的轮番爆发让人们陷入了恐惧的深渊，人们开始意识到要对潜在的危险和灾难事先制定应急处置方案。预案体系建设自 2004 年就成为国家安全建设的重点内容。目前，我国已经形成了多层次、多应用且较为完善的预案体系，为预防和处置各类突发公共事件提供了行之有效的应急处置方案。应急预案是"一案三制"应急管理体系的核心部分，也是智能城市安全体系的重要组成部分。国家先后通过和印发了《省（区、市）人民政府突发公共事件总体应急预案框架指南》、《国家突发公共事件总体应急预案》、《国家突发公共事件总体应急预案》（以下简称《总体预案》）等纲领性文件，规定了国务院应对特别重大突发公共事件的组织体系、工作机制等内容，并将公共安全事件进一步细化为事故灾害（10 个预案）、自然灾害（7 个预案）、社会安全事件（12 个预案）和公共卫生事件（5 个预案）等多个类别，实施精细化预案管理。另外，在《总体预案》及其框架指南的指导下，地方性应急预案也开始陆续编制，预案编制为相关部门的灾害对抗和应急救援工作提供了较为科学的理论依据，在处理突发公共安全事件中发挥了重要作用。

较为完备的预案体系虽然可以在很大程度上降低公共安全事件的灾害影响，却无法从源头上阻止事件的发生。在城市安全体系的建设过程中，人们忽视了防微杜渐的重要性，始终没能把对灾难事件的预警分析放在国家安全体系的重要位置上来，监测、预警工作是公共安全管理的重中之重，把精力更多集中于"未遂先兆"及"事故隐患"的层次中，通过建立完善有效的监测、预警体系，尽可能早的发现问题，才能把问题解决在萌芽状态，减少重大事故的发生。

预警分析是指对预警对象的指标、状态、范围等各种信息的分析和研究，及时侦探和制止潜在危机的技术手段，是城市安全管理应急能力和突发事件制衡能力的具体体现。在城市安全领域，准确的预警技术可以有效地实现隐患排查，例如，在易燃易爆或剧毒危险品的生产、运输和使用过程中，对这些物品进行实时的全程监视跟踪和状态分析，可以有效预估事故发生的可能性和危害性。目前，国内虽然在化学品事故预警、地铁预警、沙尘暴监测预警等方面已建设事故灾难监测预警系统，但是还没有形成完善统一的预警分析体系，在预警管理、运行机制、信息支撑方面还不尽完善，国家重视不够、财政投入不足等问题突出。

随着城市新兴风险要素的不断增多，以及城市系统复杂性的增加，城市公共安全形势越来越严峻。本章结合城市面临的新形势，引出了"城市病"、网络安全、非传统安全和大数据发展下的城市安全隐患，同时，重点分析了城市公用安全体系建设中的"四重四轻"，为城市公共安全的建设方向提供借鉴。

四、我国智能城市安全建设与推进的总体战略

（一）指导思想

城市安全建设旨在形成有效防控、科学预警与高效应对的城市安全保障体系，实现城市安全从传统经验型向现代高科技型、从被动应付型向主动保障型的战略转变，最终建成有强大的综合防控、快速的峰值应对、灵活的灾害适应、高度的资源共享、完善的学习机制能力的安全城市。

城市安全的建设与推进以系统的观点纵览全局，以动态的视角把握趋势，从科学研究、技术创新、法律规范、管理实践等多方面入手，解决我国城市发展中日益突出的安全问题，尤其是新型城市安全问题，实现城市的健康有序可持续发展。

（二）战略目标

1. 总体目标

城市本身具有人口密集、多系统交错等特征，这使得城市的安全运行表现得极为复杂，其安全运行既要预防所有可能的自然灾害、事故灾难、公共卫生、社会安全等城市安全事件，又要关注城市各系统的功能运行。因此，城市安全的实质就是城市生活、运行发展和功能作用的一种无风险状态，城市安全建设的战略的总体目标就是在总体国家安全观框架内，积极应对城市传统安全和非传统安全、实体空间安全和虚拟空间安全，信息驱动，面向服务，建设科学预警、有效防控与高效应对的城市安全能力体系，为实现更加美好的城市，更加幸福的生活提供支撑。

2. 分目标

"城市安全"是城市发展战略的第一目标。从防灾角度看，"城市安全"建设重在预防灾害、减少灾损，使城市健康持续发展，避免居民财产损失和伤害；从人类心理角度看，"城市安全"反映了城市居民的安全心理需要，是人居环境的发展愿景；从城市社会角度看，"城市安全"目标的提出符合非传统安全因素剧增背景下社会良性运行和协调发展的需要。具体来看，城市安全建设战略的分目标应该包括：具有强大综合防控的"安全网格"、具有灵活灾害适应与恢复的"有机结构"、具有快速峰值能力的城市"应急体系"、以环境保护为重点的城市"生态格局"、以高生活质量为目标的健康城市以及具备智能防范功能的"信息安全"。

（1）具有强大综合防控的"安全网格"

城市人口集聚，空间形态蔓延居多，必须设定能够自救的防灾区划，建立范围明确、划分合理、规模适当的"安全网格"，有利于城市安全管理，有利于居民避难疏散，有利于防灾救灾活动的有效实施，也有利于医疗救护和疾病控制，对落实特大城市安全战略具有重要意义。主要内容应该包括：建立全覆盖、有重点的城市安全网络，通过属地化管理完善"安全网格"，以及加强重大防护目标的防灾专项规划。从而实现"城市系统网格化、安全管理网格化、专项防治网格化"的综合防控体系。

（2）具有灵活灾害适应与恢复的"有机结构"

无论是从城市可持续发展角度，还是从建设"安全城市"目标出发，城市发展都应构筑具有灵活灾害适应与恢复的"有机结构"（主要内容应包括：改善城市空间结构、辟建城市防灾走廊、疏通旷地型避难疏散系统、配置安全要素指标），从而实现城市"空间布局弹性化、生命线系统隔离化、避难场所规范化、安全要素指标化"。从城市布局、硬件系统、管理指标等方面，实现城市的"有机结构"。

（3）具有快速峰值能力的城市"应急体系"

现代城市安全的应急体系要求在出现重大问题、事故时仍能保证城市运行的常态化，即城市安全应该具有快速峰值能力。城市应急管理能力的影响因素分为四个大类，分别为应急准备、监测预警、应急反应和恢复建设。在应急准备方面，应具有应急政策、组织机构、联动机制、资源保障、宣传教育及训练演习；在监测预警方面，应实现监测、预见、警示、减缓、化解等功能；在应急反应方面，应做到及时、准确、客观、统一；在恢复建设方面，应在硬件建设的基础上，加强灾后心理救援服务。

（4）以环境保护为重点的城市"生态格局"

城市的建设发展战略应立足城市安全保护生态环境，改变传统的减量型、控制型、末端治理型的保护环境与节约资源的手段，应按照"城市安全"目标编制生态环境保护规划，以提高生态环境容量、集约利用资源及保护城市环境品质为核心，加强区域生态安全建设，严格治理环境污染。应确立生态安全优先的城市发展模式，构建城市生态空间体系，优化城市园林规划建设，聚焦区域水系保护。尊重自然、保护生态，基于城市生态环境自然本底、资源条件及其承载能力，按照城市气候类型及各区域环境特点，布置城市的生态格局。

（5）以高生活质量为目标的健康城市

一般而言，传统城市规划多建立在物本发展观视角上。建设者更习惯于站在政府或精英立场上自上而下看问题，这虽然有助于把握城市发展的宏观问题和长期战略问题，但缺乏从基层角度思考如何提升生活质量。因而这种发展既漠视社会意愿和社会自觉基础的市场行为，又较少关注以人为中心的价值理性，轻视公众参与的意义。这种偏重于"物本发展观"的城市建设一度降低了城市的生活质量，而新型的城市发展应该是以高生活质量为目标的健康城市，以提高城市社会的整体幸福感和可持续性为目的，更多根据基层生活需求来建设。应该具有以下特点：①建设发展面向基层，从真正的基层需求来布局服务和设施；②强调对各种生活质量相关因素的梳理，尤其重视社会质量的提升；③以差异化视角看待社会，重视关注不同群体；④重视社会参与具备智能防范功能的"信息安全"。

（三）总体战略

完善治理体系，创新治理能力，既要关注传统安全，更要关注非传统安全；既要关注局部安全，更要关注整体安全；既要关注实体空间安全，更要关注虚拟空间安全，实施信息驱动，面向服务的战略，走出一条科技产业衔接、建设服务一体、体系能力并重的新路子。

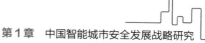

1. 确立城市安全发展的核心理念

城市是人的城市，城市安全归根结底是人的安全。坚持以人为本的城市安全发展观，一是要正视人民群众对安全的需要，在城市发展过程中把人民群众的生存权、发展权、救济权等权利始终摆在一切工作的首要位置，以人的生命为本，这是安全发展的核心。二是要意识到人类群体的破坏力随着城市的发展而增强，比如城市地下水位沉降、土地污染等问题，要具备超前的安全意识，实行高标准的城市安全防护等级，以科学发展观统筹协调安全和发展的关系（陈思源，2011）。

2. 打造全方位的城市管理体系

城市公共安全的频繁性、危害性、链发性等特点，以及不断涌现的新型安全问题对传统的城市安全管理模式提出了更高要求（陈思源，2011）。政府只有通过打造全方位的城市管理体系，才能确保信息的共享、运行机制的协同以及效益的最大化。

3. 打造前瞻的城市安全科技创新体系

为构建具有前瞻性的城市安全科技创新体系，需建立兼具综合性与专业性的公共安全研发、测试基地，利用科技项目吸引人才，不断完善设施与装备，形成自主创新能力，同时建立城市安全的技术标准化组织体系。

4. 布局基础的城市安全产业集群体系

城市安全产业是为满足政府与公众的安全需求而研发、生产、销售产品或提供服务的企业主体或组织，以及其中的产品和服务。随着群众对公共安全的认识逐渐提高，政府与社会公众对城市安全的需求也在不断增长，这些都有力地促进了城市安全产业的发展。

为促进城市安全产业的发展，政府需要在支持产业发展中充分发挥产业引导、公共服务和市场监管等重要支撑作用。在城市安全产品与服务的提供过程中，市场并不是唯一的导向，需要更多地关注民生、社会，需要深入挖掘城市安全需求，尤其是结合各地区发展情况，从本地区实际情况出发，将有技术优势、具备产业基础的科研院所及城市作为安全产业的示范基地进行培养。

发展城市安全产业应以现有行业为着眼点，对行业产业资源整合，针对城市各行业安全需求开发专属技术与产品。比如水污染监控系统、食品安全溯源系统、消防应急设备、特种救援装备等。

城市安全产业科技含量高，资金投入大，可将加快发展公共安全产业，尤其是公共安全信息技术产业列入到国家战略性新兴产业的规划中。这样有助于充分利用现有科技资源，寻求新的经济发展点，并且建立"军民一体"的科技创新产业体系。

第2章
i City

中国智能城市
安防发展战略研究

一、 智能城市安防概论

智能城市首先需要确保安全。安全问题与居民人身、财产和生活密切相关，也影响到一个城市的城市形象。安全问题是建设智能城市重要问题之一。

（一）城市综合安防概念

提到智能城市安防，不得不提到平安城市。平安城市的概念最早可追溯至2004年6月启动的全国首批21个科技强警示范城市建设，旨在通过网络对一些治安重点区域实施远程视频监控，及时了解监控线程的车流、人流以及异常情况，并将监控视频进行录像保存，为公安业务提供重要帮助。有学者认为智能城市与平安城市有下面三个层面的区别：第一层面是国家层面，智能城市建设是主导，平安城市是重要组成之一；第二是管理层面，智能城市与平安城市建设的管理部门不同，智能城市的管理归住建部，平安城市的建设主要归公安部；第三是政策标准层面，两者遵从不同的标准体系，智能城市参考的是《国家智慧城市（区、镇）试点指标体系（试行）》《智慧城市的国家智慧城市试点暂行管理办法》和《国家智慧城市2013年度试点申报省级评审导则》等技术标准，平安城市则以《全国公安机关视频图像信息整合与共享工作任务书》及《安全防范视频监控联网系统信息传输、交换、控制技术要求》等规范为依据。

城市综合安全包括居民生存环境、生活环境、工作环境、健康保障、生命财产以及应对突发性事件能力等方面的安全。对应安全的要求应该有人防、物防、技防相结合的大安全理论架构，需要政府和社会以及民众共同参与，构建一个在时间、空间上多层次、多维度的安全保障体系。

在城市智能化建设的号召下，安防正越来越多地融入并服务于智能城市。安防技术正在经历从经典向现代的转变过程，视频技术作为其中共性的技术，正在进入公共安全领域并服务于智能城市。信息技术的发展促使安防技术为智能化城市提供技术支撑，借助技术融合的核心、服务性以及开放性成为智能化城市的重要组成部分，而智能城市也将为安防行业发展竖立一面新旗帜。

（二）智能城市安防系统建设意义

随着城市化进程的发展及智能城市的建设，人口大量涌入城市、产业快速向城市集群，城市的风险与隐患将有所增加；同时，城市抗风险能力的缺乏与城市高速发展之间的矛盾日益突出。因此，最大程度地消除城市隐患，增强城市的抗灾能力，高效地推动城市的健康发展，已经成为现阶段急需突破的关键问题，而这也正是建立智能化城市安防系统的意义所在。

1. 提高政府部门的科学决策和指挥能力

现阶段，决策者主要通过应急指挥平台所提供的信息进行应急指挥，而该平台所接入的信息缺乏大量有效的数据支撑，导致决策者无法实时地掌握事件整体及动向，在及时制定科学、准确的决策方面存在较大的困难。智能城市安防系统可以实时、全面地采集数据，增强了领导决策的科学性与准确性。

2. 增强对突发事件的事前预警能力

对于公共安全事故的管理不仅要注意事后管理，更应该重点提升突发事件的事前监测与预警能力。提前识别出突发事件与隐患有助于及时进行处理，将损失降到最小。智能城市安防系统实时监测各类危险源，实时获取信息，通过对异常信息的识别来预判突发事件发生的概率，以便于及时采取防控措施，最大限度地降低突发事件所带来的危害甚至避免其发生。

3. 提高预警信息的实时性和准确性

在智能城市安防系统中，应注重建立突发事件事前预警信息发布机制，

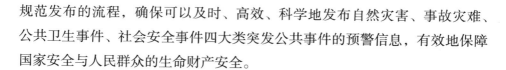

规范发布的流程，确保可以及时、高效、科学地发布自然灾害、事故灾难、公共卫生事件、社会安全事件四大类突发公共事件的预警信息，有效地保障国家安全与人民群众的生命财产安全。

4. 提高对突发事件的分析及研判能力

突发事件发生后，相关部门应通过对风险隐患监测防控和应急保障系统的分析，结合现场实时数据，确定事件可能的波及范围、影响机理、损害程度与持续时间等，对可能产生的次生、衍生事件进行分析预测，提出安全预警分级的建议，为相关工作者的决策提供依据。

5. 增强对突发公共事件的处置和救援能力

全面感知的各种信息以及与物联网相关的跟踪定位技术可在公共事件的处置和救援过程中提供指导和技术支撑。

总之，智能城市安防系统具有紧密联动、互联互通、精细管理、服务创新、智能应用、透彻感知的特点。发展智能城市安防系统将大大提高城市的公共安全管理水平，保障城市的和谐稳定发展。

（三）相关技术

智能城市安防相关技术体系与智能城市的技术体系分类较为类似，主要包括如下技术。

1. 感知技术

这里的感知不仅仅是感知信息，还有测量信息、收集信息及传递信息。通过感知设备，可以迅速获取诸如室内温度、烟雾、湿度及城市交通状况、路面车辆信息等任何信息并进行分析，以便能够立即采取应对措施并进行长期规划。在城市中大量应用视频这一种最为直观的感知方式。多样化与高清化是未来视频应用方案的发展的方向，针对公安实战业务、社会资源、城市重要掌控点位部署分别采用 IP 网络高清视频应用方案、模拟高清视频应用方案、HD-SDI 无损高清视频应用方案。

2．智能技术

智能城市另外一个特征与要求是"更深入的智能化"，智能化是指深入分析收集到的数据以便获取系统而全面的信息。为整合大量跨行业跨地域的数据和信息，需要运用云计算、大数据等先进技术进行汇总、计算和数据分析。

例如视频智能技术主要可分为：视频行为分析与诊断、智能检索、人数统计、车牌识别、图像复原、人脸识别等几大类。视频与图像包含有大量模糊性、经验性、趋势性的信息，数据量巨大，通过视频智能技术的处理，可充分挖掘其价值（张学谦，2012）。

3．互联互通——嵌入式技术

智能城市还要求"更全面的互联互通"。互联互通将改变整个世界的运作方式，遍布城市的各类"感知"设备将收集和储存的分散的信息及数据连接起来，实现多方共享，从全局的角度分析形势并实时解决问题，远程完成各项工作和任务。

嵌入式设备采用嵌入式开发技术，具备收集、处理、传输信息等能力，可将收集到的数据传输到后端，能够满足多功能化、小型化、低功耗等技术要求。要实现"更全面的互联互通"，就要使用这种嵌入式设备。DVR、NVR，以及车载 DVR、PVR 等设备采用嵌入式开发技术，作为整个系统的底层接入网关，通过汇总、处理、上传现场模拟高清视频、网络高清视频、SDI 高清视频各类视频信号和温度数据、烟雾、报警等各类传感器采集的信息，实现"智能城市安防"感知层数据的互联互通（张学谦，2012）。

（四）安防产业的发展目标

智能城市的重要组成部分之一便是城市安防建设，在信息时代大发展的背景下，安防产品和技术的应用与发展，加速了智能城市与城市安防的融合；与此同时，安防产业随着智能城市的迅速发展也面临着新机遇与挑战，安防产品和技术不在于多，更在于质，智能城市成为助力安防行业发展的双刃剑。

　　城市安防系统以综合集成平台为核心，融合物联网、大数据、智能化、云计算等技术，集成了各类子系统，并具备巨大的系统规模与复杂程度。未来的安防监控中心，既可海量存储、调度、处理数据，又具备应急指挥、智能分析、综合管理等功能，不再单单是一个安防视频监控中心，更是一个高集成度的综合化管理中心。可从以下几个方面提升综合集成平台的技术研发力度。

　　1. 加强融合各类技术、各个信息系统

　　研究和开发适应报警、监控以及综合安防集成应用的关键技术和平台，大力发展物联网平台技术、可视化技术、模糊图像清晰化处理技术、移动视频技术、联动技术及其他关键技术等[①]。结合人脸识别、车牌识别和智能分析等技术，实现智能化视频处理警情，能够解决传统视频监控不能解决的人力监管问题。与此同时，云计算的应用可以大大提高系统的计算能力和存储能力，高效处理高清视频及城市间联网产生的大量数据，减少管理和维护成本，降低部署难度，使各子系统能够协同作战。

　　2. 加强动态监控多元信息

　　开发安全态势预测的综合预警系统。培养企业的现代安防理念，为满足智能城市建设需要提供全面的技术支撑，积极扩展安防业务、开辟新市场。

　　3. 加强网络安全等技术的研究

　　创新服务模式，提供信息化个性化服务，加强在虚拟世界的安防解决方案和技术产品的研发，有效实现虚拟世界的安全防范。此外，积极研究以网络化平台为基础的开放性安防服务平台技术，积极探索"云计算"在安防系统中的应用。

　　4. 加强培育中间产品

　　将应用系统的核心从硬件转变为软件，提高系统间的互操作、可靠性、安全性，从而实现各类信息资源之间的关联、整合和按需服务。

---

① 中国安防行业"十二五"（2011—2015年）发展规划。

二、我国智能城市安防发展状况

智能城市致力于提升城市规划、建设、管理和服务智能化水平，融合了大数据、云计算、物联网等新一代信息技术。2012 年 11 月 22 日，国家住建部下发《关于开展国家智慧城市试点工作的通知》，同时印发《国家智慧城市试点暂行管理办法》。2014 年，智能城市进一步发展，国家发改委、公安部等八部委联合印发《关于促进智慧城市健康发展的指导意见》，加快应用公共安全视频联网，整合各类视频信息资源，建立全面设防、一体运作的社会治安防控体系。

2015 年，国务院印发《促进大数据发展行动纲要》，要求明确各部门数据共享的使用方式和范围边界，解决由于标准、接口、编码不统一造成的各部门间协调不够、整体效率不高问题。预计 2017 年底前形成跨部门数据资源共享共用格局。

公安部下发的《公安机关信息共享规定》，要求整合分散的外部数据，完善部省两级信息平台，形成全国公安云数据。公安部同时要求，集成运用政府各部门管理数据、公安专业数据、公共服务机构业务数据、互联网数据四大类数据，加快建立以省级为主的警务云计算中心。

物联网、大数据分析、计算架构等新技术的成熟运用在智能城市的建设中发挥了重要作用，物联网用于城市公共安全基础信息的采集与汇集，大数据分析用于对海量基础数据进行模型分析，而计算架构则提高了高强度、成本可控的柔性计算能力。

（一）建设安防系统存在问题

我国安防城市建设系统存在的问题主要体现在以下几个方面。

1. 信息系统缺乏整合

信息缺乏城市层面的共享和整合，不能够进行互补相通；各个部门只建立了自己的系统，没有实现信息共享。

随着智慧城市、物联网这些新兴概念的发展，视频监控进行大联网、大融合的趋势也愈发明显。未来的监控系统将会使用先进的互联网、计算机、通信这些技术构建一个全国统一的标准监控网络，利用一切可使用的资源，根据需求给各个部门提供资源。这些资源将会在安防安保中得到大规模使用，还将会在应急指挥、城市应急、环境监测、智能交通系统、政务督察、绿色建筑、灾害控制等领域发挥着重要作用。但现阶段如何统一管理并集中共享规模庞大、种类复杂的图像资源，如模拟监控、网络监控、DVR 监控、社会治安监控、无线监控以及视频会议等成为目前亟需解决的一个难题。

2. 监控系统与其他系统缺乏联动

视频监控系统不能够与警务指挥、城市管理等业务进行高效整合，并且覆盖面小，应用领域狭窄。

3. "重建设、轻应用"问题严重

智能城市建设需要妥善分析、处理城市运作管理机制、政策措施以及服务模式。需要智能城市管理人员和广大市民一起使用信息设施，不断从中获取价值，才能实现智能城市建设的真正价值。

（二）智能城市理念下的公共安全建设

目前，在智能城市的理念下，基于大数据、物联网等技术，城市在公共安全方面取得了较大的进展，从技术的角度来看，城市公共安全建设内容如下。

1. 大联网系统平台建设

2012 年 6 月 1 日，《安全防范视频监控联网系统信息传输、交换、控制技术要求》（GB/T 28181—2011）正式生效，构建高效的大联网平台成为短期内城市安防建设的首要目标。在城市公共安全建设中，通过开放监控联网管理平台系统的功能，可以与主流监控制造商的前端设备对接信息与交互操作，组合并且调用不同平台与设备间的业务，实现平台之间信息的传递与共享。

2．信息实现全网可调用

现如今，大联网平台的建设日趋完善，这也使得一定区域内经过授权的操作平台能够自由调动该区域内的信息。同时，在系统权限完全可掌控的条件下进行互联和共享，也在最大程度上保证了可以合理、有序地使用大量数据。

3．实战整合业务流程

城市公共安全系统的核心是系统与警务日常工作的紧密结合，应用于实战中的视频信息才能真正发挥其作为"大数据"的价值。加强公共安全系统与数字化业务信息系统的关联，实现信息共享，提高公共安全系统的实战能力。

4．大量使用高清设备

公安部门对于城市公共安全系统建设已不是过去的一味追求数量，如今更加注重质量。提升监控质量首先要提高清晰度，通过大量引入高清摄像机、移动高清摄像机和高清编码器等提高视频的清晰度。

5．深度应用视频智能分析

视频资源中粗放无序的数据若不转变为精细可用的信息将无法实现高效应用，因此必须通过视频检索、诊断、浓缩、压缩等先进的技术对视频内容进行处理，挖掘日志信息，提升治安监控系统的工作效率。

2015 年 5 月 6 日，九部委联合发布了《关于加强公共安全视频监控建设联网应用工作的若干意见》，列出公共安全视频监控建设联网应用工作主要目标：到 2020 年，基本实现"全域覆盖、全网共享、全时可用、全程可控"的公共安全视频监控建设联网应用，在加强治安防控、优化交通出行、服务城市管理、创新社会治理等方面取得显著成效，具体实现：

全域覆盖。重点公共区域视频监控覆盖率达到 100%，新建、改建高清摄像机比例达到 100%；重点行业、领域的重要部位视频监控覆盖率达到 100%，逐步增加高清摄像机的新建、改建数量。

全网共享。重点公共区域视频监控联网率达到 100%；重点行业、领域涉及公共区域的视频图像资源联网率达到 100%。

全时可用。重点公共区域安装的视频监控摄像机完好率达到 98%，重点行业、领域安装的涉及公共区域的视频监控摄像机完好率达到 95%，实现视频图像信息的全天候应用。

全程可控。公共安全视频监控系统联网应用的分层安全体系基本建成，实现重要视频图像信息不失控，敏感视频图像信息不泄露。①

6. 广泛运用云计算技术

云计算具有强大的架构扩展能力以及高可用性，云技术的应用降低了高清视频及城市级视频网络产生的大量数据的有效处理的难度，对城市安全管理有着重要的意义。

三、我国智能城市安防发展形势分析

智能城市安防建设必须以政府为主导，在符合国家、省级已有的智能城市建设和运营等方面的相关政策法规前提下，推动智能城市安防系统管理体制、产业发展、市场机制、投融资体系、人才保障等各个方面的政策法规建设；结合智能城市安防系统建设需求和探索实践，贯彻落实各项制度、法律、法规，并且纳入绩效考核体系，要为智能城市安防建设建立规范完善的法律、法规以及政策支撑体系。

（一）智能公共安全建设所面临的挑战

智能城市建设的不断升级和完善，在安全管理等众多领域，汇集了以视频监控为主的各种终端设备，造成了数据量庞大且复杂、承载网络负荷重、管理复杂且效率低等困难局面，整体安防系统的承载能力、智能分析、管理能力等方面都面临着挑战。

可以充分利用物联网等方面的新技术研究，如智能化应用技术、无线通

---

① 九部委联合发布的《关于加强公共安全视频监控建设联网应用工作的若干意见》，2015 年 5 月 6 日。

信、数据交换技术，以及电信级、城域级网络勘测能力、设计能力、规划能力，充分将智能化技术融入整体的解决方案之中，贯穿到"感、传、知、行"技术架构的每一个层面，提高系统效率和管理水平，充分反映出"智能化"的公共安全。

（二）智能城市安防发展趋势

智能城市安防建设主要有以下几个方面的发展趋势。

1. 高速、融合、宽带、无线的泛在网及 GIS 这类信息基础设施将联通所有人与物

当前，"三网"融合的进展迅速，下一代互联网发展迅速，云计算带来有效的计算资源配置，新的智能信息基础设施将会实现高速、宽带、融合、无线。同时，存在于城市各个角落的传感器网络也将会实现所有城市部件联网。除此之外，空间信息平台以及在此基础上衍生的空间信息服务生态体系具备信息处理能力、分析能力、共享能力以及协同能力等，也将发展成为智能城市安防建设另一项不可缺少的信息基础设施。

便携式智能设备的发展使得信息资源的获取不再局限于桌面，而是可以通过各种智能终端设备，随时随地享用计算能力和信息资源，这也依赖城市信息基础设施的全覆盖。因此，有线与无线融合、多种接入方式的高宽带网络，随时随地、无所不在的网络是智能城市安防体系发展的必然趋势。

2. 公共安全体系精细、可视、可靠地调度着城市要素

在未来，精准化、可视化、可靠、智能化的公共安全管理指挥中心将覆盖城市所有角落，支撑城市安全可靠运行。

3. 智能城市公共安全体系应用：统筹协调、动态适变地处理各类安全事件

目前，全国很多省（区市）开展的城市安防建设，在威慑犯罪、保护人民、维护社会治安等方面取得了良好成果和示范作用。未来智能城市公安体系的建设以实现日常管理和应急管理为主要发展方向。

4．智能化演进

智能城市安防系统前端将能实时、自动、敏锐地感知社会环境，选择性地传输与公共安全有关的画面，并安全保密地传输视频，更加精确地预测预警，掌控和打击犯罪。

5．智能城市安防的全局性建设：实现融合发展

通过近几年标准化、规范化的建设，已经实现城市安防系统和视频系统间的联通，下一步发展目标是提高异构系统的兼容性，消除信息壁垒，消除信息服务接口，实现智能城市与视频系统不同功能间高效动态关联与对接。

6．智能城市安防发展的绿色化：实现绿色发展

低碳、节能、环保的产品将更多地应用于智能城市安防建设当中，综合考虑光照等因素，在保证系统运行的同时，最大程度降低能源消耗和环境污染。智能城市安防建设，涉及数以万计的产品和设备，节能低碳不仅关系到资源利用和环保问题，也关系到产品使用寿命和功耗所带来的若干隐性的成本问题。从长远来看，智能城市安防必将逐步向低碳化、节能化方向发展。

四、我国智能城市安防发展基本思路

目前政府正在转变服务模式，由传统的离散化、局部化服务向公共的综合化服务发展，需要各方实现信息共享和业务协同。当前，政府部门面临的重要课题是：充分整合城市现有政府资源，完善城市综合服务基础设施建设，使之能够协同各种政务应用、连接各种通信网络、支持各种信息终端，平战结合，从而提高政府平时的各种社会综合服务的覆盖能力和在紧急情况下的联动处理能力。

全国各地以消防、交警、公安为首的各类专业应急系统均在不断建设中，但由于种种原因，使各类应急中心充分融合到一起暂时还无法做到，在综合性的大型突发事件发生时，需要调动、协调社会各个方面的力量，统一领导和行动。安防系统的建设使决策层可以实时掌握动态信息，科学制定决

策，对于保障城市安宁起到了很大的作用。

（一）安防产业发展趋势

1. 安防技术正在从经典向现代转变

体现在系统数字化、网络化和智能化的过程中，视频监控是核心，图像技术是箭头。

实现转变的标志是：

信息流方面　模拟（视频信号）转变为数字流；

系统结构方面　由单功能、单向、集总式转变为综合、交互、分布式的架构；

系统功能方面　实现（图像）信息的机器（自动）解释；

系统设备方面　由前端管理为主转变为（图像）信息处理为核心。

2. 经典视频监控系统向现代视频监控系统转变

经典视频监控系统以摄像机为核心，对摄像机生成的视频信号基本上不作任何处理，最后通过人的观察（目视解释）来获取图像的有用信息。

现代视频监控系统是以图像探测和图像处理为核心，通过图像信息的自动解释，极大地提高系统对图像信息的利用水平。经典视频监控是人视觉的延伸；现代视频监控就是人的思维（大脑）的扩展。

3. "数字化、智能化、网络化"成为转变的标志

人类对客观事物的认识和表达的升华，是电子技术发展的必然，视频监控亦是如此。数字化是智能化和网络化的前提。图像系统智能化的标志是图像信息的自动（机器）解释。系统结构的变化，从集总向分布过渡，由封闭（专用）向开放性（服务）转化，由固定的设置转变向自主生成。利用公共信息网络来构成系统已成为趋势。

（二）智能城市安防建设的指导思想

首先，需要政府引导，多方参与。智能城市安防建设是一项庞大复杂的

系统工程，其中有相当一部分是城市的民生基础工程，需要政府充分发挥其主导作用，明确智能城市建设的指导思想、基本原则、发展目标，引导智能城市安防建设合理有序开展。同时，需要政府加大引导性投入，并通过市场化运作吸引企业、投融资机构等多方参与，为智能城市安防建设营造良好的环境和条件。大众的深度参与也不可或缺，智能城市安防成果会惠及每一个城市的居民，智能城市安防需要社会公众的广泛、积极参与。

其次，智能城市安防建设需要基础先行，重点突破。加强与运营商的合作，坚持基础设施建设先行，借助城市网络基础设施、公共基础数据库、公共信息服务平台和城市大数据中心的建设，为智能城市安防建设提供方便、普及、安全、可靠的基础能力保障服务。坚持重点突破，在智能城市安防重点领域重点突破，坚持技术创新、模式创新，有序推进智能城市安防体系建设。

第三，要结合城市特点开展建设。由于各个城市的地理位置、人文环境、人口结构、经济社会发展水平存在差异，导致影响安防体系建设的因素存在差异，因此在建设布局上的侧重点也有区别。

五、建设案例：张家口智能公共安全体系设计

张家口市是河北省下辖地级市，地处京、冀、晋、内蒙古四省区市交界处，市区距首都北京仅 180 千米，距天津港 340 千米。是京津冀（环渤海）经济圈和冀晋内蒙古（外长城）经济圈的交汇点。近年来，张家口市在治安管理、民生等方面投入了较多的人力、物力，带动了周边经济的长效发展。然而，在张家口市经济、产业、服务迅速发展的同时，人口大量涌进、城市基础设施不配套、政府各部门形成独立的"信息孤岛"现象等严重制约其公共安全，食品药品安全事故、特种设备安全事故、恐怖与社会灾害、产品质量安全事故等危及居民生命。并且，在 2022 年冬奥会期间，影响公共安全的突发性事件发生的可能性将急剧上升。要成为一个"智慧的张家口市"，政府、居民和企业的日常公共安全乃至 2022 年冬奥会特殊时期的安保是张家口市发展的重要任务。

张家口市充分认清当前形势，采取了加强部署"天网"系统、完善警综

平台、大数据平台等信息基础平台，建设食药监、安监系统，初步形成产品质量监管体系等一揽子公共安全发展规划，社会治安面貌得到了极大改善。然而随着社会进步，张家口市欠缺信息化建设顶层设计，总体规划匮乏，市区及各乡镇之间差异较大的问题日益凸显。张家口市公共安全信息化总体架构的各组成部分基础薄弱，相互逻辑不清，没有建立从前端采集、信息网络传输、数据资源融合和分析、指挥平台统筹处理到各类应用系统设计的信息化体系，无法适应未来智能城市建设的需求，为此开展了张家口智能公共安全体系建设项目工作。

（一）建设目标

以"通信畅通、处理及时、数据完备、指挥到位"为建设目标，以"平战结合、分级分类处警"为原则，按照"重点突出、分步实施"的建设思想，统一协调张家口市各相关部门对公共安全事件进行分析和分类处理。通过部署空天地一体化的数据采集节点，打造互联互通公共安全信息传输网络，构建统一共享的公共安全信息资源中心和实施便捷、高效的城市安全应用服务体系，为城市构建一张全面的智能张家口"安全网"。

（二）总体架构

张家口智能公共安全体系是以信息和通信技术为支撑，通过透明、充分的信息获取，广泛、安全的信息传递，有效、科学的信息利用，提高张家口市公共安全运行和管理效率。

张家口智能公共安全体系的总体架构是从智能城市空间部署模型的技术分系统切入，设计如何通过信息化的广泛应用，使市民、企业、旅游者的体验更加美好，使公共安全管理更加精准，使指挥系统决策更加有效。智能公共安全体系的总体架构由五个层次（感知层、基础层、数据层、平台层和应用层）和支撑体系（安全体系、标准体系）、保障体系（制度保障、政策保障、资金保障、运营保障、人才保障）构成。张家口智能公共安全系统的总体架构如图 2.1 所示。

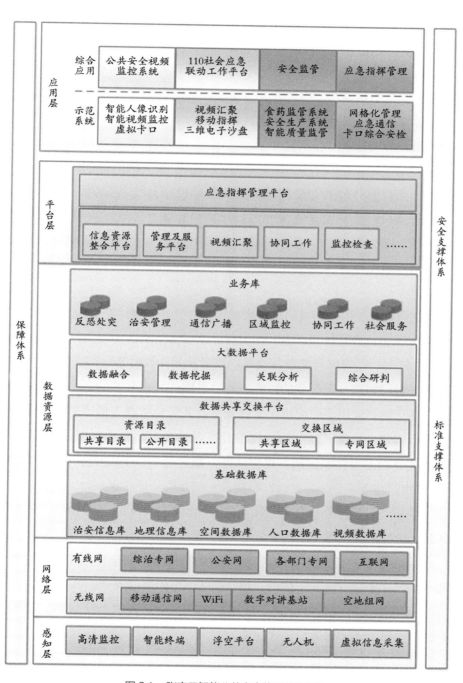

图 2.1　张家口智能公共安全体系总体架构

□ 感知层是实现 "智能"的基本条件。结合探测卫星、视频监控、道路卡口、电子围栏、系留气球、太赫兹安检仪、二维码、射频识别卡、移动终端（警用、应急处理等）、信息发布屏等设备，以需求为导向，全面部署智能城市立体安全感知系统，构建高空、低空、地面多层次多角度的空天地一体化信息感知网络，满足社会治安、区域安防、道路交通等智能应用对相关数据的感知需求。

□ 网络层是张家口智能公共安全体系建设中的信息高速公路和存储计算中心，是张家口公共安全体系的重要基础设施。公共安全云计算中心承担整个张家口市公共安全资源的数据计算与存储，实现计算与存储的"随时、随地、随需"获取。基础层的建设依托电信运营商的基础网络覆盖，电信运营商可根据未来的需求进一步加强光纤部署，增加系统容量，扩大网络覆盖。

□ 数据资源层的核心目的是让张家口智能公共安全体系更加"智能"。数据作为非常重要的战略性资源，在实现公共安全信息内部分类存储、资源适变共享的同时，还能够与城市其他基础数据及业务数据进行有效融合。

□ 平台层构建一个开放的、标准的、易用的城市公共信息平台，以实现信息共享交换和应用集中使用。平台采用公共安全管理与指挥平台即服务的模式进行构建，从而有效利用下层信息资源并为上层各种应用提供统一的、标准的基础服务组件，包括：用户认证、数据存取、数据交换、安全服务、GIS、城市门户等。

□ 应用层包括110社会应急联动体系、监控体系和综治单位应急指挥管理体系，依托公安及综合治理成员单位建设。

□ 标准体系、安全体系贯穿于张家口的智能公共安全体系建设上的各个层面，指导张家口智能城市建设，确保智能城市体系的安全、可靠运转。

□ 保障体系为张家口公共安全体系建设提供完备的制度保障、政策保障、资金保障、运营保障、人才保障。

（三）网络架构（见图 2.2）

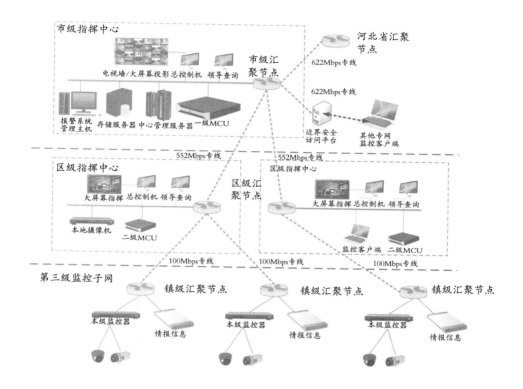

图 2.2　张家口智能公共安全体系网络架构

公安专网、食药监专网和政务外网等在纵向上均采用树状架构。由于公安网是涉密网，其他公共安全成员单位不能调看其视频内容和情报信息，如果未来乡镇两级的视频汇聚至公安网，将造成"信息孤岛"效应，制约"智慧张家口"公共安全数据共享、融合的信息化体系建设。

以打造资源融合和共享平台为目标的电子政务外网建设为张家口市信息化发展提供了有力的平台保障。应逐步将食药监专网、社会应急管理平台、"三基一辅"综合监管平台和质量监管系统统一迁移至电子政务外网。一期建设中，应建设完成市区镇三级树形政务外网，一方面，将监控视频汇聚，食药监基本信息、安检及质量管理信息传输至县应急管理指挥平台；另一方面，为未来的信息化体系建设构架完善的"神经网络"，提供公共安全单位资源共享的基础网络。同时，在县应急管理指挥平台，可通过边界安全接入平台将信息推送至其他专网，实现公安、交警等部门指挥大厅对电子政务外网内监控视频的实时调度。

政务外网主要用于汇聚、回传各区、县的视频及其他信息，一路高清视频占用 2Mbps 左右的带宽，并且指挥中心和各分控中心可根据带宽情况，优化调度。所以，乡至县、区一级的各条链路带宽设为 100Mbps，政务外网的建设应保证各区县至市的峰值带宽分别不低于 512Mbps，带宽具有可扩展性，可扩展至 1Gbps 甚至更高。张家口市采用千兆交换机汇聚转发数据，最终通过带宽不低于 622Mbps 的光纤网络向上接入张北云数据中心。后期根据实际需求再加大投入，增加部署三层交换机和光纤链路带宽。

（四）信息资源架构

基于图 2.1、图 2.2 的总体架构设计，构建基于政务网的张家口公共安全信息资源中心和系统平台，实现张家口公共安全资源信息全面融合与共享，提高信息资源利用效率，降低智能城市运营成本。

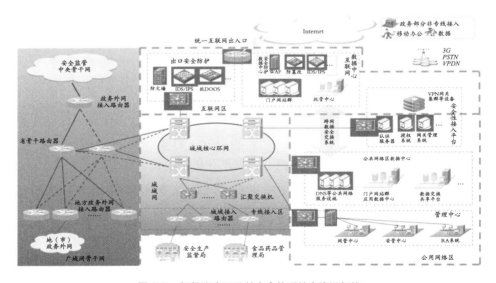

图 2.3　智能张家口公共安全体系信息资源架构

如图 2.3 所示，为实现张家口市食药监、安监、质监、社会治安综合治理信息的共享融合以及统一的互联网出口路由设备，结合张家口政务云的实际情况，将张家口政务外网划分不同的安全域，即广域网域、城域网域、数据共享与交换域、网络与安全管理域、统一接入平台管理域、互联网接入域、统一互联网政府门户区域等。同时，明确每个安全域的边界，根据业务需要和安全要求对相应的区域采取不同的访问控制策略。安全区域的划分以保证安全、方便业务开展和管理为原则，可以按单位纵向划分，也可以按业务类别横向划分。张家口市信息资源架构具备以下两方面属性。

1. 互联互通的数据中心

张家口智能公共安全体系在数据密集环境下，需要具备处理各部门、区域之间海量数据的能力，从而最大限度、更加智能地发挥数据的作用。信息资源中心的建设需要站在整个张家口市的高度，抽取公共的基础对象形成基础库，作为将现有分散在各部门及各行业数据"以对象为中心"进行组织的枢纽。以地理、景区、住建和治安作为张家口市的四大基础对象，抽取公共安全基础信息形成集中的基础库，以此为主线组织各部门和行业业务数据，从而能够对市民、企业、政府在全生命周期内的完整活动信息进行全面展现和分析。可以采用"逻辑集中，物理分散"的方式，利用数据共享交换平台，统一数据标准，建设信息资源目录，实现各部门和各行业业务数据的互联互通，建设张家口智能公共安全体系各类业务库，并以基础库对象为主线，形成有机的整体，在满足智能公共安全管理需求的同时，进一步提供智能的公共安全服务。

2. 标准开放、动态适变的系统平台

张家口智能公共安全体系平台建设目标为构建一个开放的、标准的、易用的信息平台，为辖区内政府、企业、公众提供统一的信息共享服务及应用服务。平台通过数据与应用的集成及个性化控制，为各应用提供唯一的接入点，通过该接入点，可实现信息和应用全方位的共享使用。同时，平台为各种应用的开发提供统一的、标准的开发工具集，并随着智能城市的发展不断地进行扩展，主要包括各种基础服务、数据访问控制、权限管理、安全管理等，从而支撑公共安全管理和智能平台的建设。

（五）建设任务

张家口智能公共安全专项工作主要任务是充分利用物联网、地理信息系统、建筑信息模型、无线射频识别等新兴技术，对公共安全相关要素进行有机整合、合理配置、深度挖掘、高效利用，打造张家口智能公共安全体系。建设任务包括以下几方面。

1. 部署"空天地"一体化的数据采集节点

结合探测卫星、视频监控、道路卡口、电子围栏、系留气球、太赫兹安检仪、二维码、射频识别卡、移动终端（警用、应急处理等）、信息发布屏等设备，以需求为导向，全面部署智能城市立体安全感知系统，构建高空、低空、地面多层次多角度的"空天地"一体化信息感知网络，满足社会治安、区域安防、道路交通等智能应用对相关数据的感知需求。

2. 打造互联互通公共安全信息传输网络

遵循"统一规划、集约建设、资源共享、规范管理"的机制，依托电信运营商基础建设，重点加强张家口公共安全专用网络建设，同时注重建设公安网、政务网、城市管理网等互联互通的支撑网络。综合使用有线宽带、Wi-Fi、卫星通信技术以及2G/3G/4G，强化疏通张家口信息传输脉络，形成以"宽带、无线、泛在、融合"为特征的智能一体化公共安全传输网络，为张家口城市公共安全防范提供有力的网络基础保障。

3. 构建统一共享的公共安全信息资源中心

依托智慧张家口云计算数据中心建设，按照"统一规划、统一标准、分类采集、共享使用"的原则，构建张家口公共安全信息资源中心，实现张家口公共安全资源信息全面融合与共享，提高信息资源利用效率，降低智能城市运营成本。

4. 实施便捷高效的城市安全应用服务体系

以"沟通、协调、控制"为宗旨，构建便捷的城市安全应用服务体系，实现不同单位、不同部门业务应用的融合与协同，使分布在不同地点、不同单位的人员、设备设施和资源实现能力集成和功能整合，组合成集成的、开放的、具有高度柔性的一体化安全防范应用平台。

（六）建设内容

加强社会治安防控、食品与药品、生产、城市公共等安全方面的预防体系建设以及应急指挥建设，加强城市综合预警能力与应急能力。

1. 社会治安防控

加快公共安全视频监控系统建设。有重点、有步骤、高标准地完善"天网"覆盖建设。

完善 110 社会应急联动工作平台。建立 110 社会联动管理规范机制，通过有效整合各类社会资源，完善 110 社会应急联动工作平台。要确保危及到社会公共安全的突发公共事件以及群众紧急求助事件能得到快速有效的处置，维护社会的和谐稳定，为申办冬奥会创造良好环境，保障和促进张家口城市经济社会持续稳定发展，稳步推进"平安张家口"建设。

公共安全云服务应用示范工程。建立公共安全云服务平台，利用大数据、云计算等先进技术手段再次对公安已有各类应用系统的内部信息资源进行数据整合，完善警综数据中心建设，进一步开展智能分析、交叉比对等应用。后期在确保信息安全、保护公民合法权益前提下，加强公安内部资源与社会信息资源的互通共享和深度应用，建设社会资源信息共享平台，对接并整合利用银行、保险、税务、车票等各类信息，实现跨地区、跨部门、跨警种情报信息关联、共享以及平台联动，提升智能化分析社会治安形势与刑事犯罪动态的程度。

2. 安全监管

加强高危行业和重点领域安全监管。建设专门针对安全生产的隐患排查治理体系，对生产经营单位实施分类分级差异化监管。加快建设全市"三基一辅"综合监管平台（内含企业基础信息管理平台、隐患自查自报平台、企业分类分级差异化监管平台和信息发布平台等），通过移动端信息采集功能实现行为轨迹管理，辅助应急指挥决策。

加大食品与药品安全监管力度。建立一个高效、快速反应的食品药品数字化监管体系，对食品（含保健食品）、药品、化妆品、医疗器械的生产、经营、药品使用全过程进行网络化监管。打造"智能食药安全"综合平台，提高监管效能，并与河北省食品药品监督管理局打造的"智能食药监平台"互联互通，信息共享。

智能质量监管示范工程。在特种设备安全监管、食品药品质量监管和安全溯源等领域建设智能质量监管示范项目，通过 RFID、二维码、信息库等物联网技术的综合运用，实现对产品质量信息的查询和溯源，推动智能质监建设和食品药品安全智能监管。

食品药品安全云应用示范工程。建立智能食药安全云服务平台，整合生产、加工、流通和销售等环节数据，实现全程感知、追踪和溯源，为居民提供食品药品监管数据、食品药品质量查询，为政府监管提供决策依据。

3. 应急指挥

建设应急指挥管理平台。建立以市级应急指挥平台为中心，实现统计汇总、监测预警、信息报送、分析研判、指挥调度、异地会商、跟踪反馈、快速评估、模拟演练等各项功能，力争实现全市"大应急平台"的互联互通和资源共享。加强应急基础数据管理工作，建立应急资源数据信息采集和动态更新机制。

建立健全应急管理机制。建设和完善突发自然灾害、事故灾难、公共卫生和社会安全事件的预防与应急准备、监测与预警、应急处置与救援、恢复与重建等工作体系，坚持实行预防为主、预防与应急相结合的原则，推动建立主动防控与应急处置相结合、传统方法与现代手段相结合的应急安全体系。

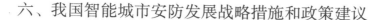

六、我国智能城市安防发展战略措施和政策建议

（一）加强党委和政府的主导作用

对于智能城市的安防建设，人们很自然地会认为与公安系统的工作有着密切的联系，但切不可认为这仅仅是公安机关的工作，智能城市的安防建设更应该是党委、政府及其相关部门的责任。为了增强社会团体、企事业单位乃至公众的配合度，党委和政府及其相关部门要充分利用其主导地位，积极营造有利于社会参与的条件与环境。在智能城市安防体系中，从社会资本的角度看，主体越多，则社会资本的存量越高。高存量的社会资本通过促进经济发展、提高健康水平、增强幸福感、降低犯罪率，以及改善教育环境来保证良好的社会秩序。

（二）重视信息共享平台的建立

智能城市的建设需要各领域之间的协作与兼容，而对安防领域来说，对领域内各行各业之间的技术融合与协同提出了更高的要求。住建部对试点智能城市提出了"建立有效的信息共享平台"的要求，其中，可以通过建立共享机制、实现共享接口兼容来实现信息资源的共享。同时，设备制造商应将重点放在系统的集成与平台开发实例上，协同智能城市的整体框架，不断进行技术创新，在跨行业应用上有所突破。

（三）将安防技术的"智能"特征融合到新产品研发

"智能城市"将以智能化的安防技术为依托，这也决定了"智能"成为安防技术的发展趋势。现如今，技术不断进行创新性研发与应用，安防技术也更加"智能"。因此，在安防企业中，将智能融入新兴市场所需应用的研发与实践中，成为提高竞争力的关键环节。当前，云计算和物联网技术日趋成熟，企业若能在技术应用方面具有长远性布局，必将在行业中占有主导地位。

（四）强调社会管理，建立社会风险评估体系

社会风险是一种危及社会秩序和社会稳定的风险，意味着爆发社会危机的可能性。建立智能城市安全防控长效机制，不仅取决于各级政府在公共安全领域的投入，更在于和谐的社会氛围以及社会公众对整个社会的认同和对政府的信任程度。

我国一些地方发生的大规模社会冲突事件，如石首事件、瓮安事件、西藏"3·14"事件、新疆乌鲁木齐"7·5"打砸抢烧事件、昆明"3·1"火车站暴力恐怖袭击事件等，这些事件反映出社会管理不完善，缺乏对社会风险的评估，这些都是影响智能城市安全防范建设的深层次问题。在我国社会发展过程中，对社会问题重视程度不够，忽视社会管理，社会管理基础相对薄弱，缺乏解决方案。关注、了解、掌握社会边缘群体的生存状态，加强对这些群体的社会管理，控制社会风险，建立社会风险评估体系，这些都对智能城市安全防控建设具有重要意义（郭太生，2010）。

（五）提升城市治安事件的综合应对能力

不确定性是社会的重要特征，正是由于不确定特征，风险还是非常有可能转化为危机的。城市人口密集，危机蔓延速度快、扩大范围广，如果缺乏应对危机事件的能力，就会威胁人民群众的生命与财产安全，从而使政府公信力受损甚至面临法律的诉讼。因此，应把智能城市安防体系的能力建设放在首位。在应对公共危机的能力建设中，需要软硬件两手抓，一要做好应对危机的物质与设备保障工作；二要有应对各类危机事件的切实可行的应急预案；三要加强城市各个层面的应急管理工作，包括学校、医院、社区等公共场所，使基层能够迅速赶往现场并及时做出反应，提高社会公众面对危机时的心理素质，理智地面对危机；四要加强专业应急队伍与志愿团体的组织和训练，提高危机救援能力。

第3章

iCity

中国智能城市
网络安全发展战略研究

一、智能城市网络安全概论

智能城市，是运用物联网、云计算、大数据等新型信息技术，促进城市规划、建设、管理和服务智能化的新理念和新模式，是将新型信息技术充分运用于城市各行各业的城市信息化的高级形态。然而，随着新型信息技术的不断发展与信息网络的日益普及，非法访问、恶意攻击等安全问题层出不穷，严重影响了政府部门、社会组织和居民个人的切身利益。由此，网络安全逐渐成为智能城市建设过程中不可忽视的一个重要内容。

目前，业界对智能城市网络安全这一概念的理解还处于不断深化、逐步完善的阶段。在智能城市发展初期，业界普遍关注的仅仅是电子政务网的安全，以及传统信息系统的安全。为了满足智能城市进一步发展的需求，业界开始有意识地构建网络安全防护体系，并且随着信息技术的发展与城市信息化进程的加快，新技术安全与网络舆情安全也被纳入网络安全的考虑范畴中。我们认为：智能城市网络安全，是一种确保智能城市网络空间能够抵御有意/无意网络威胁，并具备风险管理、应急响应、灾后恢复等功能的安全能力；是一种确保将智能城市网络空间风险维持在可接受的风险区间的保护状态。它所涉及的安全要素，不仅包括传统信息安全所涉及的机密性、认证性、完整性、不可否认性、可用性、可控性等技术要素，还包括用以保护网络环境、组织机构以及用户资产的国家战略、安全管理、安全科研教育、法律法规、标准技术、基础设施等要素。

在不久的将来，城市信息化发展将达到前所未有的高度——"智能城市"，并将形成"人在网中、事在网中、物在网中"的新常态。作为城市网络空间的利益共同体和命运共同体，政府部门、社会组织和居民个人与城市网络空间紧密结合，必将为智能城市网络安全带来全新的风险与严峻的挑战。因此，如何治理网络空间，维护网络空间安全，打击、防范网络恐怖主义和网络违法犯罪活动，保护网民合法权益，保障智能城市网络安全体系高效运行，是新型智能城市研究面临的新课题。

二、智能城市网络安全发展现状

（一）国外发展现状

近年来，随着网络技术的迅猛发展，国家网络安全形势日益严峻，维护国家网络空间安全已在全球形成普遍共识。作为国家网络空间安全的重要组成部分，城市网络空间安全，特别是城市关键基础设施安全，现已成为各国关注的焦点。

1. 智能城市网络安全国家战略

为了维护国家和政府的网络安全，尤其是维护包括关键基础设施在内的城市网络空间安全，世界各国纷纷将网络安全战略列为国家安全战略的一部分。早在 1998 年，美国就已发布《关键基础设施保护政策》，并于 5 年后制定了全球第一份网络安全战略——《确保网络空间安全的国家战略》，其三大战略目标之一便是阻止针对关键基础设施的网络攻击。在此之后，美国又陆续出台了《网络空间可信身份国家战略》等一系列网络安全战略，并持续完善其网络安全战略框架。经过数年的评估，美国愈加重视对城市关键基础设施的保护，于 2014 年出台《提升关键基础设施网络安全框架》，拟通过深化政府与私营部门的合作，进一步提升城市关键基础设施的网络安全。

紧随着美国的步伐，英国于 2009 年正式公布了《网络安全战略》。俄、日两国于 2013 年分别发布了《俄罗斯联邦在国际信息安全领域国家政策基本原则》和《保护国民信息安全战略》，以强化城市网络空间安全等网络安全保障。与此同时，印度、澳大利亚、新西兰、加拿大、哥伦比亚等国也陆续颁布了网络空间安全战略。这些国家网络安全战略的主要内容包括：积极参与网络空间国际标准的制定，政企合作制定网络安全产品和网络安全服务的相关标准，强化网络安全的教育，提供网络安全意识，培养网络安全人才，打造高水平人才队伍等。

2. 智能城市网络安全管理措施

为保证智能城市的网络空间安全，国外大多采用制定法律、研制标准、实施计划等一种或多种管理措施。以美国为例，当其面对城市关键基础设施这一重点领域时，综合采用了上述三种管理措施，具体说明如下。

（1）制定法律

为保护城市关键基础设施，克林顿总统签署了第 13010 号行政令《关键基础设施保护》（1996 年）与第 7 号总统令《关键基础设施标识、优先级和保护》（2003 年）；奥巴马总统签署了第 13636 号行政令《加强关键基础设施网络安全》（2013 年）与第 21 号总统令《提高关键基础设施的安全性及恢复力》（2013 年）。

（2）研制标准

美国国家标准与技术研究院组织开展了关键基础设施网络安全相关标准的研制工作，拟通过界定关键基础设施五项网络安全核心功能（即识别、保护、检测、响应、恢复），描述每项功能的具体活动及其标准，确定网络安全风险管理的概念及其分级分类原则，规范美国各行业关键基础设施保护活动。

（3）实施计划

美国国土安全部实施了"国家基础设施保护计划"，拟将联邦政府机构、地方政府、区域统一体、非政府组织以及私营部门联合起来对关键基础设施进行保护。此外，美国实施了"国家网络安全教育计划"，拟通过提高公民的网络安全意识和技能，保障包括关键基础设施在内的网络空间安全。

3. 智能城市网络安全技术应用

为应对城市网络空间中层出不穷的网络安全威胁，各国均已建立较为健全的网络空间安全防护体系。例如：美国采用"全方位覆盖"的设计思想，构建了全面覆盖经济、司法、军事、技术、社会管理、国际发展、网络自由等诸多方面的网络空间安全防护体系。俄罗斯通过强制认证、国家干预和调控、机密信息保护、网络信息检查、信息安全测评、数据恢复与备份等多种机制，构建了可保证网络空间安全、自主、可控的网络空间安全防护体系。

（二）国内发展现状

近年来，面对异常严峻的网络空间安全形势与纷繁复杂的网络空间安全问题，我国对网络空间安全的重视程度越来越高。经过长期不懈的努力，我国与主要发达国家在城市网络空间安全领域的跨代差距已逐步缩短，并在保障智能城市安全运转方面取得了不错的成绩。

1. 智能城市网络安全国家战略

随着网络技术在政治、经济、文化等领域的广泛应用，保障网络空间安全，已上升为影响经济发展、社会稳定乃至国家安全的重要战略任务。然而现阶段国内智能城市网络安全工作还主要集中于电子政务领域，缺乏在城市乃至国家层面对网络安全体系的顶层设计和总体把握。在智能城市发展建设过程中，国家更为重视城市大安全观的建立，逐步形成国家战略指导思想。党的十八大报告中明确指出要"高度关注海洋、太空、网络空间安全"[1]，2014年中央网络安全和信息化领导小组成立（由习近平主席亲自担任组长），进一步强化了网络安全工作的顶层设计和总体协调，为未来国家网络安全的保障与发展指明了方向。中央网络安全和信息化领导小组组长习近平在主持召开的第一次会议中强调"网络安全和信息化是事关国家安全和国家发展、事关广大人民群众工作生活的重大战略问题"[2]。

2. 智能城市网络安全管理措施

为保证智能城市的网络空间安全，我国主要采用了制定法律法规与创新运营模式两种管理措施，具体说明如下。

---

[1] 胡锦涛，坚定不移沿着中国特色社会主义道路前进 为全面建成小康社会而奋斗——在中国共产党第十八次全国代表大会上的报告，2012年11月8日。
[2] 习近平，在中央网络安全和信息化领导小组第一次会议上的讲话，2014年2月27日。

（1）制定法律法规

智能城市的网络安全保障是一项典型的系统工程，而不是单靠某类技术，或某种服务能够解决的，完善的法律法规正是智能城市网络安全的重要支撑保障。我国智能城市还是一个新鲜事物，尽管呈现出蓬勃发展的势头，但关于智能城市网络安全法律法规的研究才刚刚起步，难以有力指导网络安全规划建设。

20 世纪 90 年代，我国开始制定网络安全相关的法律法规，于 1994 年，发布了第一部涉及计算机信息系统安全的行政法规《中华人民共和国计算机信息系统安全保护条例》；并于 2000 年，颁布了第一部关于互联网安全的法律《全国人大常委会关于维护互联网安全的决定》。随着 2003 年《国家信息化领导小组关于加强信息安全保障工作的意见》的通过，我国开始进入目标明确的网络安全法律法规体系建设阶段，先后出台了《计算机病毒防治管理办法》、《中华人民共和国电子签名法》、《信息安全等级保护管理办法》、《通信网络安全防护管理办法》、《北京市公共服务网络与信息系统安全管理规定》等一系列法律法规，为维护智能城市网络秩序、保障智能城市网络安全提供了重要依据。

（2）创新运营模式

为满足城市网络空间安全智能化管理的需求，我国创造性地设计了城市安全综合运营管理模式。该模式从城市综合管理的角度出发，将原有的、新建的各类信息系统依据统一的标准进行接入，全面地整合与共享城市安全运营管理的信息资源，并依托城市安全信息资源数据库，为城市管理者提供智能的决策支持。通过采用该模式，城市管理者能够及时全面地了解城市安全运营管理各个环节的关键指标，提高管理、应急和服务的响应速度，实现被动式管理向主动式响应的转型以及高效率的跨部门智能协同工作，进而提升城市网络空间安全的管理水平与服务水平。

3. 智能城市网络安全技术应用

智能城市是一个复杂的巨型信息系统，具有开放性、移动性、数据集中性、跨部门协同性、高渗透性等特点。此外，还大量采用物联网、移动互联网、云计算、大数据等新型信息技术，使智能城市不仅面临传统信息安全的威胁，同时面临新的信息技术带来的安全问题。

为应对城市网络空间中层出不穷的网络安全威胁，我国已建立了较为完善的信息系统安全等级保护体系与分级保护体系。等级保护体系的保护对象是非涉密的涉及国计民生的重要信息系统和通信基础信息系统；测评机构是公安部门；定级依据是国家安全、社会秩序、公共利益以及公民、法人和其他组织的合法权益受到侵害的程度；保护级别分为五级（第一级至第五级）。分级保护体系的保护对象是涉及国家秘密的信息系统；测评机构是保密局；定级依据是国家安全和利益受到侵害的程度；保护级别分为三级（秘密、机密和绝密）。

（三）面临的挑战

智能城市网络安全发展面临的挑战主要表现在以下 4 个方面。

1. 智能城市新型信息技术应用的安全需求与相关安全解决方案的滞后发展存在矛盾

随着云计算、大数据、物联网等大量新型信息技术在智能城市的深度应用，政府管理体制和业务模式不断创新，民众体验不断提升，技术引领城市发展的时代已经到来。但同时，传统的网络安全解决方案已无法有效解决新型信息技术带来的安全问题，这将给智能城市的网络空间安全带来新的风险与挑战。现阶段，如何加强对新型信息技术的安全性研究，发展行之有效的安全产品和安全解决方案，已成为智能城市网络空间安全发展必须解决的首要问题。新型智能城市的规划建设，必须在安全理念创新、新型安全技术研发和新型安全解决方案设计等方面入手采取有力措施，实现网络空间新技术运用与新风险防范的最佳平衡。

2. 智能城市强调开放共享的本质特征与现行信息安全保密管理要求存在矛盾

智能城市是城市信息化发展的高级阶段，我们需要打破城市传统信息系统的壁垒，通过各类信息系统的互联互通、协同运作，实现城市数据的全面开放、按需共享，通过大数据应用提高信息增值利用的力度，促进智能城市的可持续发展。智能城市开放共享的本质，导致不同安全等级要求的数据共存于同一个网络空间，传统网络安全边界清晰、数据安全等级明确的数据环境将不复存在。能否确保数据在智能城市网络空间的四类传统信息系统（即互联网应用系统、企业私有应用系统、工业控制类信息系统和国家保密类信息系统）之间安全交互共享，已成为城市数据开放共享能否可持续推进的重要依据。新型智能城市的规划建设，必须从数据管理规章制定、分保／等保制度完善和数据监管机构建设等多方面入手采取有力措施，实现网络空间开放共享与保密管理的可靠平衡。

3. 智能城市居民在网络空间工作、娱乐和生活的现实需要与个人隐私保护存在矛盾

智能城市是数据的总和，大数据的高度集中和广泛运用，是智能城市的重要标签，也是智能城市之所以智能的重要支撑。"人在网中、事在网中、物在网中"的客观存在，使得人的行为、人与人的交互、事物对人的响应都在网络空间留下完整的数据轨迹，这些在大数据中心存储的政府部门、社会组织和城市居民的海量数据，必然会涉及诸多国家机密、商业秘密和个人隐私。智能城市在为我们提供优质、高效、精准服务的同时，无时不在、无处不在的数据收集也对确保公共数据安全和个人隐私保护提出严峻挑战。新型智能城市的规划建设，必须从法规标准、技术保护和打击网络犯罪等多方面入手采取有力措施，实现网络空间行动自由与隐私保护的动态平衡。

4. 智能城市全面开放互联环境下的社交网络发展与维护安全有序和谐的网络空间存在矛盾

自由已成为互联网络空间的基本属性，智能城市开放互联环境下的社交网络发展，更是为信息自由和言论自由提供了前所未有的便利。凭借新媒体／自媒体的匿名性、虚拟性、交互性强、传递速度快等特点，用户能够无所顾忌地讨论公共事务和批评政府及官员，舆论监督更加直接、深入

和有效。但同时，由于网络空间具有虚拟性、易操控性、非理性、匿名性和无责任性等特点，反动危害思潮的宣扬以及虚假信息、谣言的传播也变得愈发难以控制。新形势下网络空间的综合治理将面临全新的挑战。新型智能城市的规划建设，必须从深化新形势下政治制度宣传研究和强化网络舆情监测引导能力两方面入手采取有力措施，实现网络空间言论自由与和谐安全的理性平衡。

三、我国智能城市网络安全发展的需求与趋势

（一）发展需求

1．能力需求

智能城市网络空间具有开放式网络、协同化工作、移动式环境等特点，网络空间安全面临无受控环境（物联网）、无清晰边界（网络资源虚拟化）、无确定用户（用户随遇接入）、无固定责任（用户角色多元化）等新形势，安全风险范围更大、形式更隐秘、手段更复杂、危害更严重，网络攻击呈现跨域渗透特征，感知域、传输域、数据域、应用域安全难以再相互隔离；安全风险呈现物理扩散趋势，潜在安全风险从传统网络虚拟空间的信息损失扩散到了物理实体空间的生命财产损失。

智能城市网络安全发展的能力需求可归纳入网络空间综合治理、网络危机有效防御、网络安全运行保障三大领域，主要包括 10 项能力，如图 3.1 所示。

（1）网络空间综合治理

面向政务系统的敏感数据安全管控能力。智能城市网络空间具有开放性和协同化等特点，承载政务、产业、民生、基础设施与通信等各种核心系统。一方面，它可帮助政务系统实现城市的高效治理；但另一方面，它让政务系统的网络边界逐渐模糊，以致传统的网络安全防护手段难以实现对政务系统敏感数据的完全管控。为了促进智能政务系统的开放共享与协同发展，智能城市网络安全体系需要具备面向政务系统的敏感数据安全管控能力，具

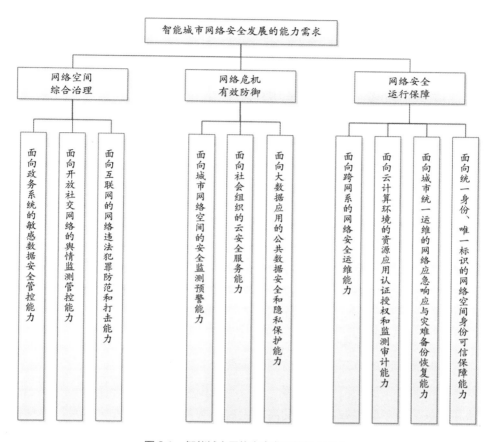

图 3.1　智能城市网络安全发展的能力需求

体包括：提供敏感政务服务及其数据保护的能力；对政务敏感数据实施标记管理的能力；通过授权和控制手段，实现数据全生命周期管控的能力。智能城市网络安全体系将通过形成数据隔离、保护验证、数据加密、备份恢复、数据脱敏等敏感数据安全管控能力，避免政务敏感数据的失控、被窃取，保障政务信息的安全可靠。

面向开放社交网络的舆情监测管控能力。智能城市网络空间承载的社交网络现已成为人们宣泄情感、表达看法的重要渠道，是民间舆论的主要场所。网络舆情对政治生活秩序和社会稳定的影响与日俱增，尤其是负面影响力日益增强。为了促进智能城市网络空间的和谐发展，智能城市网络安全体系需要具备面向开放社交网络的舆情监测管控能力。它将通过舆情监测、舆情研判、溯源画像、舆情引导、处置评估、舆情智库等手段，形成全方位的舆情监测、高精度的舆情研判以及高效的舆情引导和评估等舆情监测管控能力，可有效加强网络舆论的管理力度。

面向互联网的网络违法犯罪防范和打击能力。智能城市网络空间是城市各种智能应用以及"互联网＋产业"的运行支撑和信息中枢。随着承载数据、应用和服务规模的扩展，智能城市网络空间包含的敏感数据、个人隐私、金融服务现已成为不法分子的目标，与之相关的网络违法犯罪活动日益猖獗。为净化智能城市信息环境，智能城市网络安全体系需要具备面向互联网的、跨部门、跨领域的网络违法犯罪防范和打击能力。它将通过风险评估、安全加固、实时预警、追踪溯源、行为取证等手段，为打击网络违法犯罪提供技术支撑，形成及时排除潜在威胁、实时发布安全预警、动态拦截违法行为、可靠取证犯罪行为等网络违法犯罪防范打击能力。

（2）网络危机有效防御

面向城市网络空间的安全监测预警能力。城市网络空间的安全和稳定是智能城市运行发展的基础和前提，它将直接影响智能城市的规划、建设、管理和服务。为了保障智能城市的高速发展，智能城市网络安全体系需要具备面向城市网络空间的安全监测预警能力，具体包括：对城市网络空间安全态势的监控能力和对城市网络安全风险的预警能力；在安全事件（即影响计算机系统和网络安全的不当行为）发生前做到自身风险排查的能力；在安全事件发生时发现、抵御和清除安全威胁的能力；在安全事件发生后掌握安全事件原委和恢复系统运行的能力。智能城市网络安全体系将通过形成"攻击看得见"、"攻击防得住"、"漏洞事先知"、"趋势预先测"、"状态随时晓"等监测预警能力，有效增强智能城市网络空间的动态安全防护能力。

面向社会组织的云安全服务能力。智能城市需要打造安全的公共服务支撑平台，促进部门及行业之间的信息互联、互通、融合和共享，并为政务部门、企事业单位、公司的门户网站、网络出口以及重要信息系统提供全面的安全防护。为了降低智能城市的安全防护成本，智能城市网络安全体系需要具备面向社会组织的云安全服务能力。它将通过建立云环境下的安全服务资源池，为智能城市提供虚拟化的安全服务与统一的安全服务标准体系，并将采用虚拟化安全服务池的形式对外提供安全服务，形成安全服务按需提供、安全防护能力动态调整的云安全服务能力，实现智能城市安全防护的集约化建设。

　　面向大数据应用的公共数据安全和隐私保护能力。智能城市网络空间中的公共数据越来越多，其来源之广阔（例如，传感器、社交网络、记录存档、电子邮件等）、其内容之丰富（包括企业运营数据、客户信息、个人的隐私和各种行为的细节记录）远远超过了我们的预期。如此大量的数据汇集，不可避免地加大了数据泄露和隐私泄露的风险。为了在智能城市中打造一个安全可靠的数据环境，智能城市网络安全体系需要具备面向大数据应用的公共数据安全和隐私保护能力，它将充分考虑数据分类、数据交易、数据脱敏、数据标准、数据立法等方面的需求，形成内容安全、访问安全、存储安全、运维安全等方面的大数据安全分析能力，在保障业务正常运行的同时，保证数据真实有效，并保护用户的隐私不被窃取。

　　（3）网络安全运行保障

　　面向跨网系的网络安全运维能力。智能城市网络空间是一个包含感知网络、通信网、移动互联网、工控网络、电子政务网等多种子网的城域复合网络。智能城市虽然实现了网络互联互通、业务协同运作与数据共用共享，但同时，它也拓宽了各网络原有的安全边界，带来了传统网络安全防护手段无法应对的安全隐患。为了提高智能城市的安全防护综合水平，智能城市网络安全体系需要具备面向跨网系的网络安全运维能力，具体包括：对各种网络环境中的安全防护能力进行统一规划、调度、调整的能力；协同运用基础设施环境、网络、平台、应用以及数据等安全防护体系的能力。它将通过态势感知、安全预警、统一管理等手段，实现与各安全防护体系的能力互补，形成主动防御、集中管控的跨网系安全运维能力。

　　面向云计算环境的资源应用认证授权和监测审计能力。智能城市网络空间能够为各单位、组织、个人提供面向云计算环境的资源服务。在云计算模式下，用户只需要向服务商支付相应的费用，即可动态地获得、建设、运维和管理自己专有的资源服务。不仅如此，随着移动互联网的普及，智能城市还将为用户提供在任何空间、任何时间访问所需资源的能力。为了创造有利于智能资源共享的安全环境，智能城市网络安全体系需要具备面向云计算环境的资源应用认证授权和监测审计能力。它将通过采用集中认证、集中授权、策略管理等认证授权手段，以及日志记录和审计等安全审计手段，形成满足云计算多租户的服务权限管理、访问认证要求和安全审查能力，在提升资源应用服务管控能力的同时，防范和管理资源的应用风险。

面向城市统一运维的网络应急响应与灾难备份恢复能力。为保证城市不间断稳定运转，提高城市应急响应和灾难恢复能力，智能城市必须具备更高的可靠性和更强的稳定性。为此，智能城市网络安全体系需要具备面向城市统一运维的网络应急响应与灾难备份恢复能力。它将通过安全加固、渗透测试、日志审计、行为取证、决策辅助等手段保障网络恢复能力，并通过异地容灾备份手段保证网络抗毁能力。网络应急响应与灾难备份恢复的统一运维和管理，能够使智能城市同时应对来自网络攻击、突发事件、自然灾害的严重威胁，并提供事前防范、事中应对、事后溯源的风险应对能力，保证智能城市的稳定运转，为抢险救灾提供可靠、安全的网络保障。

面向统一身份、唯一标识的网络空间身份可信保障能力。随着移动互联网、物联网、工控网与通信网、互联网的对接，智能城市网络空间中的网络接入呈现出随遇接入、跨网域、跨服务等特点，增加了智能城市对网络接入主体的身份识别难度。为了解决同一人、机、物在不同地点、不同网络、不同服务、不同形式的可信认证问题，智能城市网络安全体系需要具备面向统一身份、唯一标识的网络空间身份可信保障能力。它可通过建立统一的可信认证平台，为网络接入主体提供统一身份、唯一标识的认证服务，并可通过权限分立、终端准入、可信接入等手段，覆盖身份认证、电子签名认证和数据电文认证等范围，满足跨域、异构网络环境下的认证要求，形成统一接入、统一管理、统一授权、统一维护的网络空间身份可信保障能力。

2．技术需求

智能城市网络安全发展的技术需求主要包括 4 大类：传统的网络安全技术、面向新型信息网络的安全技术、基于新型信息技术的安全技术与网络空间安全防治技术，如图 3.2 所示。

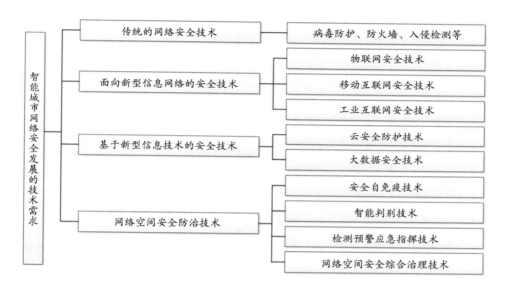

图 3.2　智能城市网络安全发展的技术需求

（1）传统的网络安全技术

传统的网络安全技术包括病毒防护、防火墙、入侵检测等核心技术，在智能城市网络安全发展进程中，我们需要将该部分技术的研发和应用做到与国际网络安全产业先进国家同步。

（2）面向新型网络的安全技术

面向新型网络的安全技术主要包括三项：物联网安全技术、移动互联网安全技术与工业互联网安全技术。

□ 物联网安全技术。物联网是智能城市的重要基础设施，但与其相关的物联网技术还未发展成熟，物联网安全技术和标准则更为滞后。因此，需要研究物联网中传感节点的物理安全、异构无线网络的安全防护及众多联网设备的认证等技术和标准，保障物联网的安全。

□ 移动互联网安全技术。移动互联网是智能城市的重要基础设施，但它具有接入地点经常变化、接入方式多样、接入环境不可控、终端类型不一、应用程序丰富、终端用户安全意识薄弱等特点，导致移动互联网面临终端安全、网络安全、应用安全等问题。因此，需要研究移动互联网终端安全防护技术、网络接入控制技术以及应用安全防护技术。

□ 工业互联网安全技术。工业互联网是智能城市的重要基础设施，为保证与其相关的工业控制系统安全无故障地生产，需要设计一套行之有效的安全技术方案。因此，需要研究传统信息安全技术在工业控制领域的应用，研究工业 SCADA 安全防护、工控网络威胁感知、工业 4.0 及"互联网 +"平台下的安全防护技术，研究针对可信、高兼容能力的工控专用硬件及操作系统的专用安全技术。

（3）基于新型信息技术的安全技术

基于新型信息技术的安全技术主要包括 2 项：云计算安全技术与大数据安全技术。

□ 云计算安全技术。云计算是智能城市的重要支撑技术，它采用的虚拟化技术给网络安全带来了新的挑战。由于虚拟化技术模糊了网络、主机的边界，因而，需要研究虚拟化隔离及安全虚拟化服务等技术，以及针对访问者、访问内容、访问时间及地点等多维度的安全方案，全面提升云计算的安全性能。

□ 大数据安全技术。大数据是智能城市的重要支撑技术，但它在数据采集、数据传输、数据存储、数据挖掘处理、数据发布等过程中都面临着数据泄露和数据被窃取的风险。因此，需要研究数据发布匿名技术、数字水印技术、数据溯源技术、角色挖掘等技术，提升用户的隐私保护水平与大数据的安全性能。

（4）网络空间安全防治技术

网络空间安全防治技术主要包括 4 项：安全自免疫技术、智能判别技术、监测预警应急指挥技术与网络空间安全综合治理技术。

□ 安全自免疫技术。智能城市网络中接入了大量不同类型的网络设备，与之相关的未知异常事件和异常流量将带来不容忽视的安全隐患。然而，无论是传统的安全防护体系，还是各类新型主动安全防御体系，均不能及时对未知异常作出反应，无法防范未知的安全威胁。因此，需要研究安全自免疫技术，并基于该技术，形成网络安全防御体系，实现对未知异常的主动检测、主动告警和主动清除，从源头上控制网络中的安全威胁，保障智能城市网络的安全运行。

□ 智能判别技术。智能城市的网络接入环境极其复杂、接入方式极其多样、接入终端极其庞大，若仍采用传统的身份认证方式（即："用户名 + 口令"的认证方法），将难以保证用户身份的真实性与合法性。因此，需要进一步研究在开放网络中对用户身份进行认证的可行方式，研究实时跟踪用户信息行为、判断可能的安全问题并及时采用应对措施的有效途径。

□ 监测预警应急指挥技术。安全监测预警与应急指挥技术是智能城市的重要支撑技术，它能够为风险评估、安全监控、应急处置等信息安全管理工作提供强有力的保障。为了提升智能城市的快速反应能力和应急处理能力，需要研究基于异构设备的智能感知技术，研究城市信息在不同网络间的互联互通问题，研究城市级智能监测、预警、防御与应急指挥的实现方案。

□ 网络空间安全综合治理技术。智能城市网络渗透了政府管理、社会服务、公共治安以及水利、交通、电力、教育、商务等各个领域。为了给上述领域提供必不可少的安全保障，需要统筹考虑网络安全与信息化建设，广泛开展网络空间安全综合治理技术的研究工作，具体包括：在网络安全方面，研究网络安全保障体系、信任体系、危机处理体系的建设；在网络信息化建设方面，研究各领域网络安全和信息化重大问题的统筹协调，用网络信息化建设推动现代化建设（谢新洲，2014）。

（二）发展趋势

智能城市网络安全发展趋势主要表现在以下 4 个方面：进一步深化网络空间安全理念，进一步创新智能城市网络安全技术，进一步完善智能城市网络安全相关法规与标准，以及进一步探索智能城市网络空间安全运营（运维）

模式。

1. 进一步深化网络空间安全理念

智能城市泛在互联的特点将使城市的人、机、物实现广泛的连接，而智能城市深度融合的特点将使城市的网络空间与实体空间实现深度的交融，智能城市的网络安全问题亦将可能导致物理实体的损毁。因此，在推进智能城市网络安全发展的进程中，需要进一步深化网络空间安全理念，不仅需要考虑传统的信息安全，还需要建立城市大安全观，全方位地考虑网络安全态势、网络舆情态势、社会信用状况等网络空间安全治理方面的内容。在智能城市中，网络安全问题不仅是一个安全保障问题，同时还是一个安全治理问题。

2. 进一步创新智能城市网络安全技术

大多数城市在部署网络安全防护系统时，选择的是防火墙、入侵检测、病毒防护等传统安全防护手段，还未充分考虑云安全服务、大数据安全应用等更加安全、高效的新型安全防护手段。同时，随着城市智能化程度的提高，网络空间既需要应对各种网络交互融合带来的安全问题，又需要应对物联网、云计算、大数据等新型信息技术带来的安全风险（如终端物理安全、共享业务安全、用户数据安全等）。因此，在推进智能城市网络安全发展的进程中，需要进一步创新智能城市网络安全技术，在推广云安全服务、大数据安全应用等新型安全防护手段的同时，探索面向物联网、云计算、大数据等新型信息技术应用的安全解决方案。

3. 进一步完善智能城市网络安全相关法规与标准

随着智能城市的蓬勃发展，互联网、公共电信网、电子政务网、基础设施网等多个网络高度融合，现有的以"等级保护"为主的网络安全保护法规已无法满足智能城市网络安全防护与治理的需要。因此，在推进智能城市网络安全发展的进程中，进一步完善智能城市网络安全相关法规与标准，从安全基础设施、网络安全、计算机环境安全、应用安全、数据安全、安全取证、安全评估 7 个方面，建立健全网络安全保障体系，妥善维护智能城市网络安全、积极规范智能城市网络秩序、深度净化智能城市网络环境。

4. 进一步探索智能城市网络空间安全运营（运维）模式

目前，智能城市网络空间安全运营（运维）主要由政府部门负责，但随着智能城市建设的不断推进，网络空间安全部署的范围不断增大、选用的技术亦更加复杂，相应地，网络空间安全运营（运维）所需的人员规模及其技术水平也需要大幅度提升。然而，受到编制、经费等条件的限制，政府部门已无法满足智能城市网络空间安全运营（运维）的需要。因此，在推进智能城市网络安全发展的进程中，需要以政府为主导，搭建开放平台，以企业为主体，以公共平台为载体，打破行业界限，探索官、产、学、研、用的创新融合的合作机制，进一步打造智能城市网络空间安全运营（运维）新模式。以保障安全为前提，有条件地开放、共享数据资源，充分释放数据资源的价值，创新数据资源的应用，使其成为智能城市建设的助推器。

四、我国智能城市网络安全体系

基于对智能城市网络安全发展现状、需求及其趋势的分析，拟设计的智能城市网络安全体系架构如图 3.3 所示。

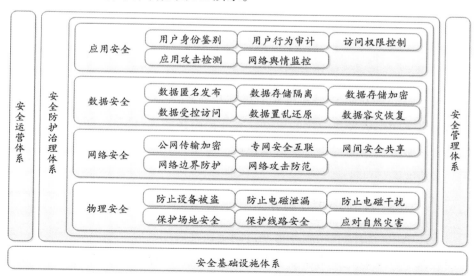

图 3.3 智能城市网络安全体系架构

该架构主要包含 4 个体系：安全基础设施体系、安全防护治理体系、安全运营体系与安全管理体系。

（一）安全基础设施体系

安全基础设施体系负责为智能城市政治、经济、文化等活动提供必要的通用安全服务，该体系是为智能城市创建安全有序和谐网络空间的基础与前提。

如图 3.4 所示，安全基础设施体系可提供 13 种不同的通用安全服务。

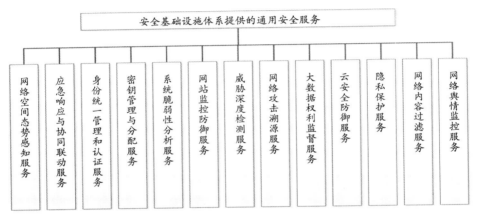

图 3.4　安全基础设施体系提供的通用安全能力

1. 网络空间态势感知服务

网络空间态势感知服务可实时感知现行网络空间态势，动态获取能够引起网络空间态势发生变化的要素，并能提前预测现行网络空间态势的发展趋势。该服务涉及的主要支撑技术包括：分布式数据采集技术，数据融合技术，多粒度态势可视化技术。

2. 应急响应与协同联动服务

应急响应与协同联动服务可通过制定良性适配的应急响应安全预案，尽可能地减少其至避免网络安全事件造成的损失。该服务涉及的主要支撑技术包括：安全监测自动化技术，安全可信评估自动化技术，安全抑制恢复自动

化技术，安全协同联动自动化技术等。

3. 身份统一管理和认证服务

身份统一管理和认证服务可通过构建网络空间中人员、机构和设备等实体的信任管理和服务体系，实现网络空间中实体的可管可信，从信任的角度保障智能城市网络空间安全。该服务涉及的主要支撑技术包括：统一证书管理和跨域身份验证技术、统一属性管理技术、跨域权限鉴别技术等。

4. 密钥管理与分配服务

密钥管理和分配服务可提高密码资源的动态管理能力，实现密码密钥的网络化全程安全管理。该服务涉及的主要支撑技术包括：密码系统态势感知技术，基于 SOA 架构的分布式密码服务技术，密码算法动态重构技术，密码密钥的可靠销毁技术等。

5. 系统脆弱性分析服务

系统脆弱性分析服务可发现计算机或网络系统在硬件、软件、协议的设计与实现，及其在安全策略的制定与选取等方面存在的不足与缺陷。该服务涉及的主要支撑技术包括：基于已知脆弱点的脆弱性检测技术，基于安全属性形式规范的脆弱性检测技术，基于关联的脆弱性检测技术等。

6. 网站监控防御服务

网站监控防御服务可实时监控站点的流量、服务器运行的状态与网页发布的内容，主动防御 DDoS、SQL 注入、挂马、网页篡改等攻击行为。该服务涉及的主要支撑技术包括：基于流量的状态检测技术，基于行为分析的合法性检测技术，基于标签的融合式综合匹配技术，入侵检测与漏洞扫描技术等。

7. 威胁深度检测服务

威胁深度检测服务可对异常行为进行追踪识别，实现 APT 关键行为的捕获和检测。该服务涉及的主要支撑技术包括：基于沙箱的动态行为检测技术，未知恶意代码检测技术，攻击诱因还原技术，海量攻击路径分析技术，攻击图评估与处理技术等。

8．网络攻击溯源服务

网络攻击溯源服务可用于确认攻击者的身份或位置，以及攻击者使用的中间介质。该服务涉及的主要支撑技术包括：基于网络数据流日志的追踪溯源技术，网络数据包摘要技术，溯源数据的压缩存储技术，支持跨自治域、跨溯源执行域的溯源协调技术等。

9．大数据权利监督服务

大数据权利监督服务可以改变传统的监督模式，将人为监督、事后监督、个体监督变为数据监督、过程监督、整体监督，让每一次权利的运用都在网络中留下痕迹，使用权者心怀忌惮、监督者随时可查。该服务涉及的主要支撑技术包括：大数据采集、存储、管理、分析、挖掘技术等。

10．云安全防御服务

云安全防御服务可为智能城市的数据和系统提供安全技术保障，使用户能放心地使用智能城市系统提供的服务。该服务涉及的主要支撑技术包括：云接入安全技术、数据泄漏保护技术、虚拟化安全技术、移动目标防御技术、要害系统伪装诱饵防御技术等。

11．隐私保护服务

隐私保护服务可保护个人信息的隐私安全，保证数据在接入、存储、传输、发布、应用过程中不被泄露。该服务涉及的主要支撑技术包括：非自主强制访问控制技术、数据加密技术、数据干扰技术、匿名泛化技术、支持跨域多系统的集中式权限管理技术等。

12．网络内容过滤服务

网络内容过滤服务可保证企业的安全运行、改善用户的上网体验、净化城市的网络空间。该服务涉及的主要支撑技术包括：基于 PICS（PlatformforInternetContentSelection，因特网内容选择平台）的过滤技术、基于规则和模式匹配的过滤技术、基于统计和机器学习的过滤技术等。

13.　网络舆情监控服务

网络舆情监控服务可通过对新闻门户、微博、论坛、贴吧等互联网站点的实时动态监测，实现对网络舆情的全面掌控，并可通过人机结合方式，对可能出现的危机事件进行预警，并对网络舆论进行引导控制。该服务涉及的主要支撑技术包括：信息采集技术、全文检索技术、内容管理技术等。

（二）安全防护治理体系

安全防护治理体系主要从物理安全、网络安全、数据安全与应用安全 4 个安全层面实现智能城市网络空间的安全防护与治理。该体系是为智能城市创建安全有序和谐网络空间的主要途径。

1.　物理安全

物理安全层面的"物理"指的是包括环境、设备、记录介质在内的所有支持信息系统运行的硬件设备。该层面主要包含 6 方面内容：防止设备被盗、防止电磁泄漏、防止电磁干扰、保护场地安全、保护线路安全、应对自然灾害。其中，前三方面内容关注的是设备安全，后三方面内容关注的是环境安全。

2.　网络安全

网络安全层面的"网络"包括互联网、电信网、广播电视网、物联网、移动互联网、工业互联网、政府政务专网（如电子政务网等）与行业专网（如：电力网、财政网、消防网、视频监控网等）。该层面主要包含 5 方面内容：公网传输加密、专网安全互联、网间安全共享、网络边界防护、网络攻击防范。

3.　数据安全

数据安全层面的"数据"于智能城市建设与应用中产生，具备海量、多元、异构三大特点。该层面主要包含 6 方面内容：数据匿名发布、数据存储隔离、数据存储加密、数据受控访问、数据置乱还原、数据容灾恢复。

4．应用安全

应用安全层面的"应用"指的是政府、个人、企业提供的智能政府服务类应用（如智能政务应用、智能城管应用等）、智能民生服务类应用（如智能社区应用、智能交通应用等）、智能产业经济类应用（如：智能物流应用、智能旅游应用等）。该层面主要包含5方面内容：用户身份鉴别、用户行为审计、访问权限控制、应用攻击检测、网络舆情监控。

（三）安全运营体系

安全运营体系从网络安全审查、安全态势感知、应急协同响应、安全运维管理4个方面实现智能城市网络空间的安全运营。该体系是为智能城市创建安全有序和谐网络空间的有效保障。

1．网络安全审查

网络安全审查，是指对拟应用至智能城市的重要信息技术产品与服务进行测试评估、检测分析和持续监督，其宗旨是为智能城市提供更加开放、更加透明、更加公平、更加可信的产品和服务。网络安全审查的重点，是产品与服务的安全性与可控性，防止产品与服务的提供者借助提供产品之便，非法控制、干扰、中断用户系统，非法收集、存储、处理和利用用户有关的信息。对于审查不合格的产品和服务，将不得在智能城市中使用（杨光，2014）。

2．安全态势感知

安全态势感知主要包含4部分内容：数据采集、态势理解、态势评估和态势预测。

（1）数据采集

数据采集，是通过在智能城市网络空间中部署各种传感器，收集和上报可能对网络空间整体安全状况产生影响的设备运行情况、网络流量流向、业务交互特征等数据。

（2）态势理解

态势理解，是从采集到的数据中提取、分析与智能城市网络空间安全态势相关的信息，并将其转化为易于理解的统一格式。

（3）态势评估

态势评估，是通过分析网络空间的各种安全态势信息，确定其中的关联关系，并采用特定的评估方法与计算参数，对整个智能城市网络空间的安全态势状况进行评估。

（4）态势预测

态势预测，是依据历史安全态势信息和当前安全态势信息，对智能城市网络空间的安全态势发展趋势进行预测，并对智能城市网络空间可能发生的安全事件进行预警。

3. 应急协同响应

应急协同响应，是依据多方位、全时段掌握的安全事件发展进程与态势，选择或制定良性适配的应急协同响应安全预案，并据此动态协调、联动、指挥、调度各相关部门快速、准确、有效地推进安全事件的协同处理，其原则是积极预防、及时发现、快速响应、力保恢复。

参考经典的 PDCERF 方法，可将应急协同响应分为 6 个阶段：准备、检测、抑制、根除、恢复、总结。

（1）准备

准备阶段的工作大体包括：确定应急协同响应的安全策略，确定各参与部门的角色与职责，对应急协同响应安全预案进行评审，对用户进行培训等。

（2）检测

检测阶段的工作大体包括：监测网络行为与系统行为，检测安全事件是否发生，掌握安全事件的发展进程与态势，确定安全事件的性质和影响的严重程度等。

（3）抑制

抑制阶段常采用的手段主要有：临时关闭受害系统，断开受害系统的网络连接，修改防火墙或路由器的过滤规则，设置诱饵服务器作为陷阱等。

（4）根除

根除阶段常采用的手段主要有：清除病毒和密码，修改相关账户密码；重装被攻击的系统，修复所有可能的入侵访问方式，改进检测机制等。

（5）恢复

恢复阶段的工作大体包括：恢复被毁损的用户数据，重复被攻击系统的可用性，适时解除抑制阶段的封锁隔离措施，对恢复后的系统进行备份等。

（6）总结

总结阶段的工作大体包括：检测系统恢复以后的安全状态，评估该次应急协同响应的效果，编写应急协同响应安全服务报告，对进入司法程序的安全事件进行调查等。

4. 安全运维管理

安全运维管理主要包含4部分内容：资源管理、故障处理、运维评估与优化、系统备份与恢复。

（1）资源管理

一方面，智能城市网络空间的资源管理可从机房资源、网络资源、主机服务资源等多个角度对信息系统软硬件资产的内部结构与相互关系进行详细梳理，并可从资产管理的角度，对上述资源进行信息维护。另一方面，智能城市网络空间的资源管理可基于自动发现的拓扑关系做出根源故障分析，自动定位根源故障事件，自动生成资产细节列表与统计报表，为信息系统的综合监控、变更冲突分析、运维流程管理、安全运维审计等提供依据。

（2）故障处理

智能城市网络空间的故障处理包括告警事件采集与格式化、事件压缩、故障恢复自动关联、根源事件分析、自动化故障处理等方面的内容。一方面，它可依据自行制定的采集规则，对故障信息进行采集，并在此基础上，对故障事件进行记录、分类与优先级评定。另一方面，它可在后台自动执行为特定运营场景定制的事件压缩、恢复关联、根源分析等策略；同时，生成包括故障次数、故障解决所需时间与资本等信息在内的故障处理日志。

（3）运维评估与优化

智能城市网络空间的运维评估是对信息系统的总体评估与分析，包括现有资源评估、生存性评估、运行状态评估、系统过程评估、系统风险评估、服务水平评估、未来发展评估等方面内容。智能城市网络空间的运维优化，可使信息系统的运营流程更加完善和快捷，包括系统容量管理流程优化、可用性管理流程优化、预案管理流程优化、项目管理流程优化、人员管理流程优化、服务水平管理流程优化、标准管理流程优化等方面内容。

（4）系统备份与恢复管理

智能城市网络空间的系统备份与恢复，可在不影响系统（包括系统中的设备）正常运转的前提下，使运维人员方便、快速地将系统从故障状态恢复到正常工作状态。一方面，可采用增量备份方式（即在既有的完整系统备份基础上，对系统中发生变化的数据进行备份），提高系统备份的效率。另一方面，可采用还原点回溯机制，使得系统可以恢复到任意还原点对应的工作状态，但为了避免系统选择错误的还原点，各还原点还需要提供详细的内容描述信息。

（四）安全管理体系

安全管理体系主要从组织机构、政策制度、法律法规、标准规范 4 方面实现智能城市网络空间的安全管理，使得智能城市网络安全发展有章可循、有据可依。该体系是为智能城市创建安全有序和谐网络空间的重要依据。

1. 智能城市网络安全组织机构

智能城市网络安全组织机构包含 6 个组成部分：领导机构（决策机构）、协调机构、管理机构、执行机构、监管机构及顾问团队。

2. 智能城市网络安全政策制度

智能城市网络安全政策制度既包括各种对智能城市网络安全发展起到推动、指导等作用的政策，又包括网络安全运维、网络安全审查、网络安全保密等方面的制度。

3．智能城市网络安全法律法规

智能城市网络安全法律法规包括确定智能城市网络安全保护范围、保障措施，以及界定网络安全责任主体责权范围的法律、行政法规和地方性法规与政府规章。

4．智能城市网络安全标准规范

智能城市网络安全标准规范包括安全基础设施、计算机环境安全、网络安全、数据安全、应用安全、安全取证、安全测评 7 个子类的标准与规范。

五、我国智能城市网络安全发展思路

（一）基本原则

智能城市网络安全发展应遵循以下三个基本原则：创新性原则、适应性原则与规范性原则。

1．创新性原则

目前，智能城市网络安全相关的技术和应用还不存在各国公认的解决方案和标准，尚不足以形成新的技术和市场堡垒。我们应该把握这个"跟随"到"引领"的发展机遇，积极夺取智能城市网络安全相关前沿技术与市场的领导地位。因此，在智能城市网络安全发展进程中，我们首先应该遵循的是创新性原则：一方面，大力推进智能城市网络安全相关前沿技术的研发，建立国际领先的智能城市网络安全体系，形成一批具有自主知识产权的智能城市网络安全技术、产品和专利。另一方面，积极发挥政府主导作用，引导相关部门确立智能城市网络安全技术创新战略，加大智能城市网络安全技术创新投入，增强智能城市网络安全技术创新能力。

2．适应性原则

目前，进行智能城市建设的不同城市，往往具有不同的发展水平，所涉及产业也不尽相同，其网络安全建设目标亦可能相差甚远。此外，同一城市的智能城市建设是一个动态的、不断进步的过程，该过程的不同阶段将对应不同的技术水平与不同的应用环境。因此，在智能城市网络安全发展进程中，我们还应该遵循适应性原则：一方面，考虑不同城市的发展特点以及不同产业的特殊需求，突出不同城市的特色，为其设计不同的智能城市网络安全建设方案，构建与之相适应的智能城市网络安全体系。另一方面，考虑智能城市建设过程中技术的进步与应用环境的变化，适时调整预设定的网络安全建设目标，并不断完善为之选择的智能城市网络安全技术与产品。

3．标准性原则

目前，很多城市都开展了智能城市网络安全建设，开发和部署了各种智能城市网络安全产品和网络安全方案，但普遍缺乏统一的技术标准。因此，在智能城市网络安全发展进程中，我们应该遵循标准性原则：一方面，充分借鉴已有的国际标准、国家标准和行业标准，建立统一的智能城市网络安全技术标准体系，形成具备前瞻性、科学性、完整性、延续性和可操作性的智能城市网络安全技术指导规范。另一方面，积极参与国际智能城市网络安全技术标准的制定工作，引领智能城市网络安全技术的发展趋势，推动我国智能城市网络安全技术标准的国际化。

（二）目标愿景

智能城市网络安全发展的总体目标是：创建安全有序和谐网络空间，打造安全的智能城市。

智能城市网络安全发展的愿景是：实现智能城市网络空间的体系安全、集约安全、开放安全、和谐安全。即以城市大安全观为指导，统筹所有政府部门、社会组织和城市居民的网络安全利益，实现体系化安全；以合理的人力、物力、财力投入和能源消耗，打造绿色低碳的智能城市网络空间公共安全基础设施和公共安全服务，实现集约式安全；为城市公共数据的创新开放和共享利用，提供可靠的数据安全保障和隐私安全保护，实现开放式安全；创建城市政府部门、社会组织和居民个人三方共建、共治、共享的安全有序和谐网络空间，实现和谐化安全。

（三）战略思路

智能城市网络安全发展的战略思路是：以打造安全的智能城市为总体目标，遵循"分网系、分领域实施，全过程、全要素保障，民主化、法制化治理"的指导思想，建立集"安全基础设施体系、安全防护治理体系、安全运营体系与安全管理体系"为一体的智能城市网络安全体系，针对"城市运行安全、统一安全监管、打击网络犯罪、公共数据安全和隐私保护、应急响应"五个重点关注问题，健全具备"监测、防御、打击、治理、评估"五大功能、全面覆盖智能城市网络空间的安全保障与综合治理方案。

六、我国智能城市网络安全发展的建议

当前，智能城市建设正如火如荼地开展，智能城市网络安全工作亟待全面跟进。为推动"互联网＋"时代背景下智能城市网络安全建设健康有序地发展，我们提出以下 6 点建议。

（一）统筹城市网络空间安全顶层设计

不同于传统的由机构独立建设的信息系统，智能城市的网络空间集成了互联网、公共电信网、电子政务网、基础设施网等多个网络，它可采用物联网、云计算、大数据等新型信息技术，对政府、企业、公众以及城市基础设施的海量数据进行存储、处理和分析。智能城市的网络空间，不仅面临着传统的信息安全威胁，还面临着物联网、云计算、大数据等新型信息技术带来的安全风险，以及海量数据存在的泄漏风险。为打造智能安全的未来城市，在智能城市设计之初，即需统筹考虑城市的网络空间安全问题，并从技术、管理等方面综合保障智能城市网络安全建设的顺利进行。

（二）建设基于大数据的城市网络空间态势感知系统

随着智能城市建设的不断推进，互联网、公共电信网、电子政务网、基础设施网等网络将逐步实现互联互通，网络空间安全事件的影响范围将显著扩大，甚至将可能导致城市实体基础设施的损毁。为保证智能城市的安全运行，有必要建设基于大数据的城市网络空间安全态势感知系统，即充分利用大数据技术，对海量的系统日志、网络日志、安全日志及其他相关数据进行汇总、分析和挖掘，在掌握网络空间安全态势的基础上，采取事前预警、主动防御等手段防止各类安全事件的发生。

（三）建设城市级网络空间安全运营（运维）中心

在智能城市中，随着不同机构／部门的信息网络整合以及不同机构／部门的海量数据融合，各机构／部门之间不再具有明确的网络边界与数据边界。因此，传统信息系统安全运营（运维）中心遵循的"谁建设、谁使用、谁运维、谁负责"的原则，已不再适用于智能城市的网络空间安全运营（运维），急需建设以城市为单位的城市级网络空间安全运营（运维）中心，统一监控智能城市中网络安全设备的运行状态、统一感知智能城市的网络空间安全态势、统一下发智能城市的网络安全策略、统一部署智能城市的网络安全防御系统。同时，在选择城市级网络空间安全运营（运维）中心的运营（运维）模式时，还可尝试政府运营、委托有资质的企事业单位运用以及混合运营的模式。

（四）建设基于大数据的智能城市网络舆情监控系统

随着互联网技术的成熟和普及程度的提高，网络已经成为表达社情、民意的主要途径，网络舆情对政治生活秩序和社会稳定的影响与日俱增。近年来，一些重大的网络舆情事件，使人们开始认识到网络对社会监督起到的巨大作用。同时，如果无法妥当地处理网络舆情突发事件，可能会诱发不良情绪的扩散和传播，对社会稳定构成威胁。因此，有必要建设基于大数据的智能城市网络舆情监控系统，通过基于大数据的网络舆情采集与提取、网络舆情话题发现与追踪、网络舆情倾向性分析等技术，及时掌握智能城市的网络舆情态势、妥善处理突发网络舆情事件。

（五）加大信息安全领域自主创新支持力度

首先，从政府层面强化信息网络基础设施安全技术薄弱环节的战略部署，集中优势资源，着力实施以培育自主创新基础能力建设为主的信息产业重大工程建设，从而突破科技发展和产业技术的瓶颈制约。其次，加大公共财政对信息产业基础性、公益性和战略性研究开发设施的投入，优化财政科技支出结构，建立多元化、多渠道、多层次的自主创新基础能力建设投融资体制。再次，重点研究重要信息系统安全相关的前瞻性技术、核心技术、重大装备核心试验、重要技术标准等方面的内容，加快自主品牌创新成果的推广应用（芦艳荣，2010）。

（六）建立健全智能城市网络安全组织机构

为保障智能城市网络安全体系的落地，需要建立健全由领导机构（决策机构）、协调机构、管理机构、执行机构、监管机构和顾问团队组成的智能城市网络安全组织机构。具体如下：领导机构（决策机构）由市委领导和各委办局领导组成，统筹负责网络空间安全政策、法律法规、重大决策等事项；协调机构以市网信办为主，统一协调全市各委办局在智能城市网络安全体系执行过程中出现的问题，并将其中的重大问题提交领导机构决策；管理机构以经信委为主，统一负责网空络间安全的部署、运维管理等日常工作；执行机构由各委办局组成，具体负责本单位信息系统网络安全；监管机构以经信委为主，统一负责对全市各委办局的网络安全进行监测、检查、监管，根据监管结果实施奖惩；顾问团队由政府各委办局专家、企事业单位专家、高校专家等组成，统一负责全市网络空间安全的政策咨询、技术咨询等。

第4章

iCity

中国智能城市
交通安全发展战略研究

一、智能城市交通安全概论

智能城市涵盖领域非常广泛，涉及城市生活的方方面面，包括智能交通、智能医疗、智能电网、电子政务、智能社区等。本章着重就智能城市建设过程中的智能交通安全问题及其未来发展战略进行研究。

（一）智能交通的提出与发展

智能交通建设是智能城市建设的一项关键内容。特别是在当前城市化的进程中，日益突出的交通堵塞、交通事故频发等问题正困扰着城市化建设，造成了极大的资源浪费与社会损失。就是在这一严峻的背景下，智能交通系统随之提出，旨在综合利用各类软硬件技术手段，实现对人、车、道路等交通要素进行综合集成，这样能够为市民的个人交通出行提供合理建议，为城市交通管理部门的管理决策和服务水平提升提供保障，提供城市交通的可靠性和安全性，缓解城市交通问题。

智能交通系统（ITS）的提出可追溯到 20 世纪 60 年代的美国，美国智能交通学会针对城市日益突出的交通问题提出了智能交通系统的概念，并开始了这方面的研究工作，此后美国正式提出了"国家智能交通系统项目规划"，确定了 ITS 的七大领域，包括交通电子收费系统、应急管理系统、车辆控制和安全系统、商用车辆运营系统、公共交通运行系统、出行需求管理系统、出行和交通管理系统，其中车辆控制与安全系统以及应急管理系统是为了保障整个智能交通系统的安全。

日本由于土地面积有限、人口众多，其交通问题一直以来都非常严峻，因此日本也是较早开展智能交通研究与应用的国家之一。20 世纪 70 年代日本便提出了"综合交通控制系统"建设方案，80 年代着手实施交通信息采集和通信系统建设，后续随着不断的发展，日本的智能交通系统不断完善，形成了涵盖 9 个子系统的完整框架，包括公交优先系统、紧急车辆优先系统、行人信息交通系统、安全驾车辅助系统、智能综合图像系统、交通信息提供系统、环境监测系统、动态诱导系统和车辆行驶管理系统。

此外，欧洲、澳大利亚、韩国等国家也相继推进了 ITS 系统的建设。综合分析上述国家的智能交通系统来看，ITS 依托软件技术、智能硬件设备以及数据处理技术的发展。从硬件设备来说，当前的智能汽车是 ITS 的研究重点，智能汽车研究包括智能驾驶系统、汽车新型布线系统、汽车智能轮、智能钥匙、紧急制动辅助系统、并线警告系统、车距自动控制系统等方面；在软件技术方面来说，智能交通主要包括计算机视觉处理技术、智能信息提示系统、智能交通综合监测体系等领域；在智能交通数据处理技术方面，包括无线传感网交通数据融合、交通大数据分析与处理、交通数据可视化等领域。

通过对世界各国先进智能交通系统的梳理，不难发现智能交通安全系统在 ITS 中都占据着重要的地位，比如美国的车辆控制与安全系统、日本的交通动态诱导及安全驾车辅助系统等。与此同时，当前在智能硬件、软件研发及应用等方面，交通安全都是重点研究和探讨的领域。特别是随着智能交通的发展，一些新的、严峻的交通安全问题正在出现并困扰着人们，为此智能交通安全问题是智能交通发展过程中必须解决的问题。

（二）城市智能交通安全系统的发展

智能交通的提出及发展为破解城市交通难题起到了关键作用，而在各国的智能交通发展过程中，交通安全始终是智能交通系统的重要组成部分，并受到理论研究和实践应用的高度重视。智能交通安全系统主要就是综合运用先进的计算机控制技术、传感器技术、图形图像技术、无线传感技术、基于位置的服务技术（LBS）等，进行交通事故侦测、紧急救援、道路安全监测等。

1．智能公路交通安全系统

当前智能交通安全系统主要包括自动事件管理系统、事故清理项目、驾驶员实时信息系统、可变信息标志系统、自动化商业车辆系统以及自动公路系统等（赵亚男等，2001）。

自动事件管理系统主要进行道路交通事件数据的采集和分析。数据采集主要是通过硬件设施如各类传感器收集车辆在城市道路上的运行状态参数；数据分析主要是针对各类传感器采集的数据进行指标计算和决策处理。常用的道路交通安全指标有检测率、误报率、平均检测时间，常用的数据分析方法有事故模式识别、时间序列分析以及交通模型算法、人工神经网络、模糊算法等。

事故清理项目主要是针对事故发生后，交通警察、消防人员、医疗救护人员等各个主体协调能力不足的问题而建立的，旨在提高事故处置及协助主体之间的协调性。通常针对事故清理项目系统需要建立相应的评估指标，这些指标包括成本—效益比率指标、事故反应时间和清理时间指标等。通过事故清理系统有效提高交通事故处理效率，同时为公众提供事故处理情况通报，帮助公众做出科学合理的交通出行。

驾驶员实时信息系统提供驾驶员关注的交通相关信息，包括道路通畅情况、交通事故情况、道路限速情况、气候天气情况等。这些信息的实时采集和获取有利于驾驶员选择合适的交通路径，提高交通效率。

可变信息标志系统主要提供常发性拥堵、偶发性拥堵、突出事件、恶劣天气等信息。该系统主要包括显示设备、控制中心、监测设备和通信网络四部分。其中监测设备实时获取道路交通信息，通信网络实时传输所获取的交通信息以及控制中心下达的各类交通指令，控制中心主要是根据道路交通实时信息进行交通决策控制，而显示设备是可变信息标志系统的终端设备，用于将各类有用的交通信息直观易懂的展示出来。该系统提供了交通条件变化的信息，能够及时提醒驾驶员改变行车速度、变化行车车道并提醒其注意交通条件的变化。

自动化商业车辆系统主要包括车载系统、车辆协调系统以及自动公路系统三部分。车载系统目前在车辆中的应用相对成熟，如车辆能够根据自身安装的距离传感器获取自身与周边物体的相对距离、相对速度，以此进行自适应运动控制、防碰撞警告等；车辆协调系统能够接收相邻车辆的行驶信息，包括车速、加速、转向信息，进而能够估计相邻车辆的驾驶状态，确保行车安全；自动公路系统能够自动接收来自公路设备传送的交通相关信息，实现车辆自动驾驶，可以根据道路交通情况自动控制车辆的车速、转向机驾驶等。

2. 轨道交通安全系统

随着轨道交通在城市交通中扮演越来越重要的角色，针对以地铁为典型代表的轨道交通安全专家也开展了一些研究工作，取得了一些研究成果。与城市公路交通相比，轨道交通有其自身特点，通常轨道交通系统由车辆、轨道、指挥控制系统、线路以及周边环境组成，构成了一个相对独立、封闭的系统。轨道交通安全由于客流量大、空间密闭、设备运转速度高等特点，导致其安全控制难度相对较大。

当前为确保轨道交通安全，通常采用多传感控制器智能融合手段，具体来说包括交通数据融合、综合分析融合、诊断融合以及安全评价融合四个方面（涂继亮等，2012）。数据融合是指为了确保轨道交通安全，对来自于各类信源的数据，如机车数据、轨道数据、通信信号、电力数据、人流数据等进行变换和融合，以确保高质量的轨道交通安全数据。综合分析融合针对各类传感器采集的数据进行交通特征提取，之后依据交通安全特征信息对多传感器数据进行综合分析处理，为轨道交通安全决策服务。诊断融合综合运用数据融合和分析融合的结果对轨道交通安全系统的故障问题进行诊断，由于轨道交通故障具有复杂性、模糊性、环境依赖性等特征，因此对故障诊断需依据专家经验和领域知识。此外，在诊断方法选取上需采用具备模糊处理和推理功能，具备相当的容错和泛化能力的方法，比如模糊神经网络方法等。安全评价融合是轨道交通安全系统的最高级应用，主要对交通安全状况进行评价，需要基于数据融合获得的交通数据，依托专家经验和领域知识构建的知识库和方法库，采用多类型算法构建的综合推理模型，对轨道交通安全进行评价，并将评价结果展示出来。因此，智能融合技术的研究是当前轨道交通安全领域研究的热点。

二、我国智能城市交通安全发展状况

（一）我国智能城市交通安全总体发展概况

我国于 20 世纪 70 年代末开始进行智能交通建设，率先在北上广深等特大城市进行智能交通系统的研发及应用。在整个智能交通建设过程中，交通安全始终处于核心位置，当前我国智能交通安全领域在道路交通管理、交通信号采集及处理、车辆动态识别、交通指挥控制等领域取得了显著的研究成果，特别是在北京、上海、广州、深圳等特大城市应用效果显著，确保了城市交通安全。

"十五"期间，科技部先后实施了"智能交通系统关键技术开发和示范工程"、"现代中心城市交通运输与管理关键技术研究"等国家科技攻关计划项目，率先在北上广等特大城市，进行了智能交通指挥调度系统、智能公共交通运行系统、综合交通管控平台示范工程建设，取得了显著成效。

"十一五"期间，国家"863 计划"针对智能交通系统领域对新技术的需求，设置了智能交通重大前沿和前瞻性项目，这些项目旨在提高我国创新能力，获取自主知识产权，突破关键核心技术瓶颈，实现智能交通领域的技术集成。

"十二五"期间，智能交通领域"863 计划"在"十一五"研究的基础上，总结经验，分析问题，确定了该时期智能交通建设的重点方向，智能车路协同和区域交通协同成为该阶段的重点研究领域。

截至 2015 年，一批智能交通与交通安全领域的科技项目相继通过验收，在智能车路协同、城市多区域交通联动控制、交通信息感知及交互、车联网等领域取得了多项关键技术突破，缩小了同发达国家之间的差距。在城市智能交通建设方面，我国目前已有 461 个城市建成了涵盖交通信息预警、信息采集和交通控制等功能的智能化交通安全管控体系；城市主要营运车辆智能化监管平台也已建成。在城市智能交通安全协同创新方面，形成了多个产学研相结合的产业联盟，在关键技术创新中起到了引领和支撑作用。

在具体智能交通应用方面，北京、南京、杭州等城市不同程度地建立了交通信息服务系统。在城市智能交通总体框架中，安全系统隐含在其中的各个模块中，多个城市已建立建成了智能公交系统，在新技术应用方面，RFID、车联网、物联网、虚拟化、图像识别、云存储、大数据处理等为城市智能交通安全建设提供了技术支撑。

（二）我国典型城市智能交通安全发展状况

1. 北京智能交通安全建设分析

作为我国首都，北京目前常住人口已突破2000万，属特大型城市。同时，近些年来机动车数量猛增，更是增加了首都的交通压力。为缓解交通压力，提高首都交通效率，提升交通安全水平，北京市率先进行了智能交通系统建设的尝试。

经过多年的建设，目前北京已经形成了"一中心，三平台，八系统"的智能交通安全管理体系框架，如图4.1所示。其中，一中心是指北京城市交通安全指挥控制中心，三平台包括指挥调度平台、交通控制平台和信息服务平台，八系统包括交通调度集成系统、交通出行诱导系统、交通综合监测系统、交通信号综合控制系统、交通预测预报系统、交通仿真与评价系统、交通数据智能分析与评价系统和信息通信保障系统。

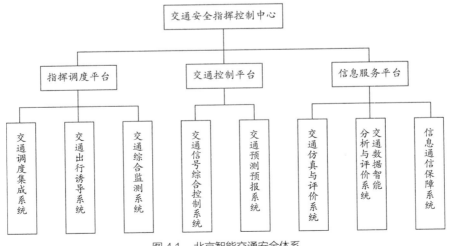

图 4.1　北京智能交通安全体系

该体系的良好运行，保障了城市交通的实时监测、路口交通信号的协调控制、交通实时信息的及时发布。

（1）交通实时监测系统

在北京主要交通干道上，已安装数百个高清摄像头，这些摄像头能够自动记录行车数量，并统计交通流量；同时，当所监测的干道发生诸如交通事故、交通拥堵、道路积水等情况时，高清摄像系统会自动启动录像功能并发报警。

除高清摄像头之外，北京主干路网还安装了数以万计的检测线圈，通过这些线圈能够全天候自动采集路面交通流量、流速、占有率等交通运行数据。与此同时，一些其他高科技产品也随时监测着交通信息，使用不同方式采集到的交通数据通过系统后台进行集成、分析、处理，最终能够以可视化的醒目方式显示实时动态路况，并可以准确发现并播报道路上的异常情况。

（2）路口信号协同控制

在北京市内交通路网的主要路口，通过交通流量监测器采集到的即时车流信息会被上传到交通信息智能处理设备上，经过分析处理后通过通信线路发送到城市交通指挥中心，指挥中心的服务器接收到发送来的信息后会将这些交通信息发送到城市道路的信号灯上，以此为依据调节信号灯的转换，整个完整的过程能够在短时间内完成。该系统根据实时路况信息实现了对交通路口信号灯的智能化控制，从而提高了道路通行效率。目前，北京五环路内80%的路口都已经实现了计算机的协同控制，路网综合通行能力提高了15%。

（3）实时信息发布系统

目前，在北京交通路网的主干道及各环路上的交通拥堵易发路段安装了动态交通信息板，这些信息板是智能交通的信息展示终端，其上面显示的交通信息是根据实时交通信息而来的，能够根据道路交通实况进行显示，为出行者提供所需的各类信息，信息展示采用符合人们认知习惯的可视化设计方案，醒目地发布道路流量、道路拥堵状况等有价值信息，辅助出行者科学合理地选择出行路线。同时，交通信息显示终端能够及时发布城市道路交通管理部门发布的临时交通管制信息，引导车辆避开拥堵、意外事件点段以及管制路线，实现对车辆的全程诱导。

城市交通受天气情况影响较大，为此北京交管部门在智能交通建设过程中引入了气象监测系统。该系统能够将能见度、路面情况、路面雨雪状况、风力状况等天气信息实时发布，使出行者能够及时地了解到天气状况。天气状况信息发布方式可通过交通广播、电视、网络、公众号等方式向交通出行者发布，为居民出行提供参考。

多样化的信息发布是提高交通信息接收率的关键，为此北京交通管理部门建立了智能化交通信息发布中心：一是在北京市道路交通网站上设置了实时路况信息图，并开发了多媒体路况信息发布系统。伴随着移动互联网技术的发展，北京交管部门推广应用了手机 App，智能手机用户可随时随地利用 App 查询出行线路、交通状况等信息。

通过交通广播、官方网站、手机 App、道路智能化显示屏等各种信息发布手段的应用，目前北京城市道路交通可实现全天候信息服务。

（4）地理信息系统

地理地测信息系统在北京智能交通系统中也有应用体现，北京城市交通管理部门根据常见的道路交通突发情况编写了 3000 多个应急预案。当突发情况出现时，智能交通系统能够自动根据设定的预案，将交通事故情况传达给相关责任人，并根据预案中预先设定的警力调配原则，调派相关交警赴现场进行处理，将交通事故的影响降到最低。该系统的运行是在 GPS 定位系统和 GIS 地理地测信息系统的支持下开展的，城市突发交通事故发生的位置、周边警力部署情况都是依托 GIS 和 GPS 获取。

目前，北京每名交警及每辆巡逻车上都装配有 GPS 定位系统，定位精度精确到米。在北京市交通指挥中心大屏幕上，每辆巡逻车辆以及每个交警的实时位置及移动轨迹直观的展示出来。当遇到交通险情报警时，系统会根据报警定位，自动确定附近的交警和巡逻车辆，并将警情传达给他们。基于 GPS 和 GIS 的交通信息化监控监测系统，实现了人、车、预案的高度协同，提高了城市交通的管控效率，确保了城市交通安全和异常情况的处理效率。

2．广州智能交通安全发展状况分析

截至 2015 年末，广州常住人口已突破 1300 万，城市交通承载着市民的每日出行，每天迎接着大客流量的冲击。广州作为我国南部经济发达、人口众多的特大型城市，在智能交通安全建设方面也取得了一定的成效。

（1）建立了覆盖广州市区的城市交通综合指挥中心和智能控制系统，实现了对市区主要路网道路及路口的监测与控制。基于物联网传感器、图像渲染、GIS、GPS 等软硬件技术，能够在电子地图上准确描绘市区路网的交通运输状况、信号灯及交通信息显示牌等设备的运行状态以及交警及警车的分布情况等各类交通管理信息。基于各类交通基础信息，通过数据挖掘算法、人工智能以及计算机辅助决策等，对这些数据进行处理，做出符合现实需求的决策支持方案。

（2）在广州市区范围内实现了交通管理信息的互联互通。建设了城市交通信息传输主干网，将广州市各区交通管理分站进行连接，主干网采用光纤环网的方式，选用光纤作为信息传输介质能够确保交通信号准确性，减少信号衰减。市交通管理部门及各区交通管理部门之间建立起以太网互联平台。在数据存储方面，采用大容量磁盘阵列进行交通大数据的存储，在磁盘阵列上安装有高性能的数据仓库和数据集群。在数据处理方面，通过数据集群的建立，实现了对交通大数据的分布式处理。

（3）建成了综合监测监控系统，该系统由闭环电视监测系统、交通违章高清监摄管理系统和路面车流监测系统组成。车流监测系统能够实时获取主要道路的交通流量数据，分析交通拥堵及异常情况；道路交通高清摄像系统也就是电子眼，能够实现对交通事故等异常状况的自动拍照和全程记录。

（4）建成了集网络—广播—终端于一体的交通指示与信息发布平台，在交通广播方面以羊城交通广播电台为主导，交通广播台每十分钟即可发布全市的道路交通情况；网络信息发布平台主要是广州市交通管理官网以及应用App 上，可以查询最佳路线、交通状况、违章罚款情况并在线缴纳罚款；除了网络和广播电台以外，广州市也建立起智能交通显示终端，动态发布交通信息。

当前广州市在前期智能交通安全建设的基础上，为适应新形势下智能交通发展的要求，重点开展道路交通车辆图形自动识别研究、交通信号协同优化研究以及基于移动互联网的智能交通服务系统研究。依托近年来计算机图形图像技术、协同优化理论以及移动互联网技术的发展，实现其对智能化交通体系的建设。

3. 深圳智能交通安全发展状况分析

深圳是我国改革开放后建立的第一个经济特区，是我国改革开放的窗口。截至 2015 年底，深圳市常住人口突破 1100 万，与此同时快速发展的经济吸引着很多外地人口前来就业，城市交通压力巨大，长期面临着交通拥堵、安全事故的影响，为此深圳市长期以来致力于智能交通解决方案。

目前深圳已建立了由交通数据采集层、交通数据传输及共享层、交通数据综合处理层以及应用功能层四层架构的智能交通安全控制系统体系，其中交通数据采集层主要是利用各类物联网传感器、RFID 等数据采集终端全方位地获取城市道路交通数据，交通数据传输及共享层主要实现数据的高速稳定传输和共享，交通数据综合处理层主要实现对交通数据的处理和交通信息发布，而应用功能层是面向深圳城市交通问题开发的各类智能应用系统，其具体结构如图 4.2 所示。

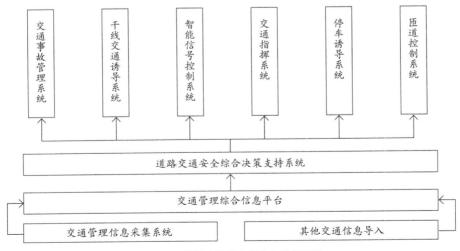

图 4.2　深圳市智能交通安全控制系统

（1）交通数据采集系统

该系统主要进行干道车检器的建设和完善工作，采用传感器、线圈检测、微波检测、车牌识别等多种方式采集车辆信息。

（2）交通信息传输网络

为确保交通信息传输的及时性、可靠性，建设独立于公众互联网的交通信息传输专网。

（3）交通数据综合处理及信息平台

数据采集系统采集上来的数据进行数据融合，实现车辆及交通事故监测、交通指挥调度、交通信息发布，实现数据共享，在数据融合的基础上，实现对交通数据的智能化处理和多方式信息发布。

（4）道路交通智能决策系统

基于实时交通数据，实现对全市路网的综合评估以及分区、分时段的评估，对全市交通网络的运行情况作出评价；基于专家经验和控制策略，依托交通实时数据，研究并设计了一套集匝道控制、智能信号控制、交通干道车辆引导、交通事故应急预案于一体的综合智能化决策平台，实现各子系统的协同联动，为全市交通的综合协同控制提供了系统支撑。

（5）交通事故与管理系统

利用道路检测线圈、视频监控等设备自动检测事故、拥堵等交通事件，并按照预案快速处理交通事件，减轻交通事件对动态交通的影响。

（6）停车诱导系统

利用停车诱导屏，发布车辆周边的可用停车场信息，引导车辆尽快找到停车位，提高停车效率，减缓路面交通压力。停车诱导系统依托车位感应传感器获取空余车位信息。目前深圳全市范围内的数百个停车场、万余个停车位的信息都能够被采集和实时更新，并借助车辆定位系统可向车辆推荐周边合适的停车位。

（7）干线交通诱导系统

在市区主要道路上设置了动态交通信息显示屏，这些显示屏能够发布主要道路交通状态，均衡交通流量，实现对道路车辆的引导。[①]

（三）我国智能城市交通安全发展问题分析

经过近几十年的发展，我国在智能城市交通安全领域涌现出一批具有国际水平的代表性成果，尤其是国内特大城市智能交通安全建设取得了显著成效，但在发展中也存在着一亟急需解决的问题。

1. 智能城市交通安全建设缺乏顶层设计

近年来，随着国家对城市智能交通建设的大力支持，各主要城市纷纷开展了智能交通建设，但是一个突出的问题就是千城一面，在建设之前缺乏规划，缺乏对本地情况的实地调研，造成了盲目投资和盲目建设，建设效果大打折扣。由于缺少统一完善的顶层设计，各城市之间缺乏统一的规划，城市各期建设之间彼此鼓励，智能交通各子系统之间功能重叠、功能独立等现象非常常见，导致系统开发的浪费、交通数据的多次采集等现象。这就导致了智能交通系统无法实现全局最优，甚至还会由于各子系统之间彼此独立而导致不能实现数据共享，最终导致交通决策混乱。

2. 九龙治水，条块分割现象普遍存在

智能交通领域涉及多个部门：主要包括交通运输管理部门、公安车辆管理部门、城市管理及综合执法部门、城市规划部门等多个政府部门，各部门负责各自领域内的智能交通应用系统建设任务，除政府部门外还会有汽车行业以及道路交通建设的有关企业参与。但是，各部门之间彼此缺乏充分沟通，致使各类交通信息无法共享共用，使信息的价值大打折扣，每个相关部门成为一座信息孤岛。因此，在智能交通建设之前要由国家、市建立统一的领导指挥小组，统一协调各相关部门，确定各自的职责以及彼此相互配合的事宜。在管理机制上，应建立多部门协同机制；从技术层面上，应建立跨部门跨平台信息共享平台。

---

① 引自：深圳市智能交通管理系统，http://wenku.baidu.com/view/e6ad0edead51f01dc281f1d6.html。

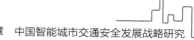

3. 普遍存在着重硬件、轻软件的现象

智能交通系统是由软硬件构成的集成系统，其中智能车辆、传感器、信息发布及显示终端等硬件设备是获取数据、处理数据和发布数据的基础，而软件应用系统则是实现智能交通管控功能的价值体现。因此，软硬件应该是两手抓，两手都要硬，而不能出现顾此失彼的现象。目前在智能交通建设领域，由于硬件建设能够看得见各种设备，而软件作用不能马上显现出来，因此很多城市在智能交通建设过程中，都重视购置和安装硬件设备，而软件应用却跟不上步伐，使硬件的价值无法充分显现出来。

4. 智能交通复合型人才匮乏，缺少相关建设标准与规范

智能交通系统是传统交通与现代信息技术和现代管理理论以及安全管控理论相结合而发展起来的，因此专业化智能交通领域人才需要具备交通管理、安全管理、信息技术知识以及道路交通实践的复合型人才，我国由于高校人才培养体系是以专业来划分，很难培养出智能交通建设的全面人才。因此，在后续的人才培养中应重视多学科联合培养、本硕博分阶段专业融合培养的手段，充实我国智能交通人才。

此外，智能交通系统建设是一项复杂的系统工程，系统从前期规划、后期建设和验收实施都需要统一规范和标准。因此，应尽快完善与制定相关规范与详细技术标准，出台相关政策，如智能交通系统规划技术规范或技术指南、系统设计规范或指南、行业发展政策等。

5. 关键技术及自主知识产权缺失

虽然经过国家各类大型科技课题的研发，在智能交通关键技术领域取得了一些显著成果，但在成果的产业化转换方面还存在一些问题。目前，我国智能交通控制系统中的很多关键技术产品还主要是依靠进口，我国自产产品性能、稳定性、耐用性等方面还有待提升；目前我国在特大城市已建立起公共交通、轨道交通、立体交通等混合交通体系，而符合我国实际国情的各类智能交通产品缺乏，国外引进产品不能很好地适用我国实际。因此，在后续的智能交通发展过程中，还需相关部门加大关键技术研发支持力度，加强知

识产权保护，研发出一批符合我国城市交通需求的具有自主知识产权的适用性产品。

三、国外智能城市交通安全发展经验

20 世纪 70 年代，世界发达国家的主要城市开始建设联网信号控制系统，以该系统为核心，城市智能交通综合管理系统陆续建设起来。除城市市内智能交通系统建设外，高速公路也逐步建立起智能交通监管体系。智能交通管理系统未来主要向着集成化、可预测、实时性等方面，具体来说就是基于全方位的监测数据及预测功能，进行多功能的继承，实现主动式交通管理。目前，纽约、巴黎等众多城市都拥有了功能齐全的智能化交通管理系统。

本章主要选取世界上在智能交通安全领域比较先进的国家，阐述其智能交通安全发展历程，总结各个国家的建设经验，为我国智能城市交通安全建设提供指导。

（一）美国智能交通安全发展及其经验

美国第一个智能交通系统项目是电子路线引导系统，开始于 20 世纪 60 年代后期，此后的 20 年里美国在该领域基本处于停滞状态。1987 年，美国成立了智能交通建设小组"Obility 2000"，后来该组织演化为现在的"ITS America"，在该组织的领导下，美国城市智能交通进入一个高速发展期；1990 年，美国成立"智能化车辆道路系统组织"；1991 年，美国国会通过了"城市综合运输效率方案"，智能交通组织的建立和建设方案的通过为美国的智能交通建设奠定了基础，此后的 6 年时间里，美国政府拨款近 7 亿美元用于智能交通安全的研究工作。

美国智能交通采用自上而下的方式，由政府提出全国统一的体系框架，其发展模式可以总结为：顶层设计、分步实施、市场参与。在美国的智能交通发展过程中，无论是基础理论及技术的研究攻关还是应用，汽车行业在其

中发挥了重大作用。

美国注重智能交通安全系统的建设，在整个智能交通系统中，车辆安全系统占 51%，公路及车辆管理系统占 28%，实时自动定位系统占 20%。"9·11"事件引发了美国政府和交通界人士的反思，认为智能交通系统应该能够有效预防恐怖袭击，应加强交通基础设施和出行者的安全。因此，在之后的智能交通建设中，安全防御、用户服务、系统性能及交通安全等成为智能交通建设的重要关注点。

在智能交通管理方面，通过信息技术的应用减少交通事故是其主要目标。为此，美国建立了一套集事故自动定位信息系统、交通事故应变系统和路线引导系统为一体的事故应急系统，实现了事故信息的实时采集、传送，最佳救灾路线的推荐和引导等，提高了道路交通事故的处理效率，将事故造成的损失降低到最小。

美国智能化交通管理系统能够实时监测各主要道路的交通运行状况，实时采集各类交通数据，并对所采集到的交通数据进行分析处理，对未来交通运输状况进行评价和预测，在此基础上为道路交通安全监管及行车安全提供决策支持。同时，不同城市间的智能交通网络具备跨区域融合的能力，实现一体化运行目标。

（二）日本智能交通安全发展及其经验

日本是世界上率先开展智能交通研究的国家之一，1973 年，日本通产省开始开发汽车综合控制系统；随着各省厅对智能交通系统研发的开展，各自为战的弊端逐步显现出来。为了规避这一弊端，20 世纪 90 年代中期日本各省厅开始联合起来，共同推进城市智能交通运输系统的研发；此后，在各省厅的共同推动下智能交通系统建设开始上升到基本国策的高度。

1995 年 6 月，日本内阁注意到新一代信息技术的迅速发展，在内阁会议上确定了"信息与通信社会建设方针"，其中道路交通信息化在整个方针中占有重要地位。

基于上述方针，同年，邮政省、建设省、运输省、通产省、警视厅等相关省厅联合制定并发布"公路、交通、车辆领域的信息化实施方针"。该方针具体确定了日本智能交通系统建设的九大领域，确定了其在智能交通领域的建设蓝图。1996年7月，相关部门又联合制定"推进智能交通体系建设总体构想"，提出了日本未来20年的智能交通长期构想。该构想明确了产、学、研、政府机构和市场多主体参与的合作开发机制，为智能交通建设成为基本国策奠定了基础。

目前，智能交通系统建设在日本越来越受到重视，在日本推进信息化社会的各类政策中，智能交通建设始终处于现代化智能社会建设的关键位置。特别是在"E-JAPAN优先政策"中，智能交通系统、车辆信息与通信系统是其第三代信息通信中最重要的组成之一。

日本汽车行业发展迅速，为该国智能交通系统建设提供了重要的投资资金。仅1995年至1999年五年间，日本政府就投入了3600余亿日元的研发费用及实施资金。其中，实施资金约占90%，主要用于道路监控监测等道路基础设施的安装、更新换代。研发资金约占10%，主要用于智能汽车、信息通信、传感设备的开发。

目前，为确保交通安全，日本已普及应用了车辆信息通信系统、高性能车载导航仪、安全行车支持系统。安全行车支持道路系统是整个智能交通系统的重要组成部分，其内容包括特定区域减速、车道状态监控、防追尾预警等。除了上述内容之外，日本智能交通还包括一些其他子系统，比如，智能化交通安全管控、公共交通出行系统等，这些子系统也都取得了相当大的进展。

在日本智能交通系统建设过程中，安全性、便捷性和经济性始终是其发展的三大主线。在智能交通安全领域，安全辅助驾驶系统、普适计算技术以及道路交通情况通信系统等在发挥着重要的作用。其中，普适计算技术得到尝试和应用，人、车辆作为一个个终端节点参与计算，车载电子系统通过图像处理技术来获得驾驶员的实时状态的计算，汽车与汽车之间、汽车与行人之间可以通过雷达等技术进行位置的计算；安全辅助驾驶系统不断得以完善，能够对驾驶人员进行危险警告，当前正向自动驾驶方向发展；道路交通情况通信系统（VICS）则通过收集、加工处理、共享使用道路交通信息，使城市交通参与者能够做出科学合理的决策。经过城市智能交通安全系统的建设，日本道路交通事故率逐年降低，到 2009 年由于道路交通事故造成的死亡人数首次降低至 5000 人以下。由此，可见智能交通安全系统在日本智能城市交通系统中所发挥的重要作用。

（三）欧盟智能交通安全发展及其经验

欧洲各国智能交通建设与欧盟交通运输一体化总体建设进程紧密相关。早在 1969 年，欧委会便提出要在各成员国实施统一的协同交通控制，并进行交通一体化方案的设计；随着计算机网络等信息技术的发展，1986 年，德国、法国等欧洲主要国家开始进行交通运输信息化领域的研发与应用。

1988 年，欧洲主要国家共同出资 50 余亿美元实施 Drive 计划，该计划旨在提高交通服务质量，完善交通基础设施。2000 年，欧盟发布了 KAREN 项目，该项目的重要组成部分便是智能交通系统建设。

2003 年，欧洲智能交通系统组织 ERTICO 首次提出了 e-Safety 概念，其核心思想是利用先进的信息技术、通信技术，为城市道路交通安全提供解决方案。欧盟智能交通安全主要考虑以下几个方面的建设内容：一是车辆安全建设，包括车辆预警系统、路面及环境感知系统等；二是车路协调及车车协调系统建设，通过感知车辆之间、道路环境等的安全状态，更有效地评估潜在风险并加以规避。

为确保欧盟范围内智能交通建设在统一的标准内实施，2009 年，在欧委会的委托下，欧洲标准化组织着手制订智能交通建设统一指南与标准。

2011 年 3 月，欧盟确定了智能交通发展的远景目标，即到 2020 年实现交通可持续、竞争力和节能减排三大目标。目标确定后，为确保目标的实施，欧委会制定了相关配套措施，并出台了指导性行动计划，在欧盟范围内正式揭开了智能交通关键技术研发和示范应用的序幕。

2012 年 6 月，欧盟智能交通发展实施方案出台，该方案的制定由欧盟的政府机关、交通领域相关行业协会以及欧洲典型企业代表共同参与。方案主要在新能源汽车、城市交通安全、新一代信息技术应用、温室气体排放、智能交通市场规范化等领域提出具体实施要求，该方案的提出为提升欧盟智能交通国际竞争力奠定了基础。

2013 年 9 月，欧盟加强了智能交通领域的国际合作，并提出了加强国际合作的具体计划。2014 年 2 月，欧盟车辆信息互联互通基本标准出台，该标准是由欧盟委员会委托专门的标准化研究机构确定的，对实现智能交通信息的互联互通有非常重要的作用。目前，该标准已在欧盟各成员国道路交通领域逐步实施。

近几年来，欧盟主要国家加强了遥感技术在城市交通领域的研究与应用，并尝试在欧盟主要国家建立实时交通通信网，以此为基础研发交通信息智能服务系统等。

（四）国外智能城市交通安全建设经验总结

通过对美国、日本、欧盟等国家或组织的智能城市交通安全领域建设情况的分析，不难发现其中有很多值得我们借鉴的经验。

1. 顶层规划、分步实施、市场参与

发达国家和地区在智能城市交通安全系统的建设过程中，都遵循"顶层设计、市场引导、分步实施这样一种思路"。顶层设计能够确保各个城市交通安全体系建设有统一的规划，避免了千城一面的盲目建设；同时，还能够使城市交通安全的各个相关单位进行协调沟通，避免各自为战。通过顶层设计确定了总体目标，在这一目标的指引下，制定长期、中期和短期目标，并根据目标的实现情况，及时调整建设规划。在建设过程中，充分引入市场的力量，在智能交通安全装备研发、新技术应用、城市道路交通安全基础设施建设等各个方面充分发挥市场优势，让市场主体参与到智能城市交通安全建设中来。

2. 工程未动、标准先行、数据互通

无论是美国、日本还是欧盟，其在智能城市交通安全建设的过程中都非常重视建设标准的建设。如欧洲标准化组织制定的"车辆互联基本标准"、"欧洲智能交通系统建设标准",美国制定的"全国统一智能交通安全体系框架"以及各子系统建设的技术标准等都是工程未动、标准先行的体现。在全国范围内制定统一的建设标准,能够使全国智能交通安全建设遵循统一的标准,能够实现道路交通安全数据的共享和互联、互通、互操作,在很大程度上提高了城市道路交通安全水平。

3. 软硬结合、产学研协同、人才培养

对发达国家智能城市交通安全的分析发现,在建设过程中应注重城市道路交通基础设施、车载安全系统等智能硬件的发展。与此同时,还应该强调城市交通管控中形成的各类交通数据的作用,通过对城市交通数据的感知、智能分析和处理,为智能交通安全建设服务。不能只重视硬件研发,忽视软件的作用,或过分强调软件的功能,忽视了硬件的研发。在软硬件研发的过程中,应加强产学研协同创新发展,在智能交通领域共性技术的研发和服务上,应充分发挥科研院所、高校的研发能力,扶持相关企业积极与科研院所开展协同创新,充分发挥不同主体的自身优势,借助多种力量发展城市智能交通体系。在这一过程中,培养一批具备智能城市交通安全综合知识和技能的复合型人才。

四、我国智能城市交通安全发展形势

近年来,我国智能交通安全与新型城镇化建设相伴生,呈现出减速发展的态势。在原有大规模基础设施建设的基础上,近年来呈现出如下特点:一是智能交通安全关注点由单纯地关注小汽车车载信息服务扩展为公共交通与绿色环保交通工具,二是智能交通的服务对象由单纯地为城市道路和车辆管理者服务转向直接为交通出行者服务,三是我国智能交通建设由只关注效率转向同时兼顾安全与环保转型。与此同时,我国智能交通建设在建设模式、投资管理策略、政策制度、专业设备制造、信息产业等方面有形成联盟的趋势,以推进我国智能交通领域向更深入、更面向应用的方面发展。

随着我国新型城镇化建设的逐步深化，发展智能城市交通安全是必要的，同时也是紧迫的，它将成为有效缓解大流量客流冲击的有效手段。同时，当前我国无论是在政府政策层面、还是在技术发展层面乃至整个国家经济建设需求方面来看，智能交通建设都是可行的。

（一）我国城市智能交通安全发展必要性分析

随着我国市场经济的迅猛发展以及农村剩余劳动力向城市的转移，我国城镇化率不断攀升。据权威统计，截至 2015 年，我国城镇化率达到 56.1%，城镇常住人口达到了 7.7 亿人。与城镇化率相并生的是一系列的城市问题，其中特别突出的是城市交通问题。当前无论是特大型城市还是中小型城市抑或是小城镇，伴随着汽车保有量的增加，城市交通拥堵以及安全问题已成为困扰城市发展的顽疾。因此，发展城市智能交通势在必行。

1. 智能交通安全是进一步促进城镇化进程的基本保障

党的十八大报告指出，坚持走中国特色新型工业化、信息化、城镇化、农业现代化道路。此后，"新型城镇化"成为一个时代热词。党的十八届三中全会明确要求，坚持走中国特色新型城镇化道路，随后召开的中央城镇化工作会议进一步强调"走中国特色、科学发展的新型城镇化道路"。2014 年，《国家新型城镇化规划（2014—2020 年）》正式出台。党的十八大以来，"中国特色新型城镇化道路"的内涵不断丰富，要求更加明确。

近年来，特别是我国经济高速发展的近十年来，我国城镇化率持续攀高，城市人口密度不断加大，根据国家统计局数据，我国近十年来的城镇化率和城市人口密度两项指标如表 4.1 所示[①]。

由图 4.3 可以更清晰地看到我国城镇化率逐年攀升的趋势，由 2006 年的 43.9% 一直增长到 2014 年的 54.77%，与此相对应的是我国城市人口密度的不断增长。虽然在推进城镇化过程中，城市用地面积不断扩充，但仍赶不上大量农村人口向城市涌入的速度。城镇化率的提高和城市人口密度的加大

---

① 注：数据来源于国家统计局年度统计数据（http://www.stats.gov.cn/tjsj）。

对城市交通提出新的要求，而智能交通建设能够提高交通效率，迎接城市大流量出行的冲击。

表 4.1　我国近十年来城镇化有关数据表

年度	城镇化率 / %	城市人口密度 / 人·平方千米$^{-1}$
2006	43.90	2238.15
2007	44.94	2104.00
2008	45.68	2080.00
2009	46.59	2147.00
2010	47.50	2209.00
2011	51.27	2228.00
2012	52.57	2307.00
2013	53.70	2362.00
2014	54.77	2419.00
2015	56.10	—

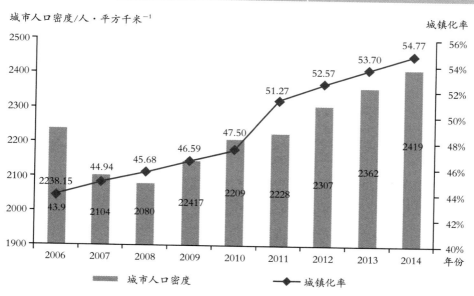

图 4.3　近十年来我国城镇化主要指标情况

交通在城镇化建设过程中既是城市规划和土地利用的重要内容，又是城市日常运行的重要支撑，更是广大市民生活和工作的依托。中国正在进行着历史上最伟大的城镇化进程，当前全国小汽车保有量超过 1.5 亿辆，超过 2.5

亿人拥有驾照。同时，随着私家汽车使用率的提高，个人出行与公共交通将出现交叉，这为第三方服务的发展创造了广阔的空间。因此，智能交通将促进我国城镇化进程，构筑我国城镇化的未来。

2. 智能交通安全是缓解城市交通压力的有力措施

智能交通管理系统能够借助交通信息采集系统、交通信息发布系统以及中央控制及决策系统等实时获取并发布道路交通信息。首先，智能交通管理系统能够根据获取的车流量信息，及时调节主要道路红绿灯的时间配比，这样有利于科学合理地缓解交通拥堵，提高交通效率。

其次，当前视频图像识别、数码成像技术等在智能交通领域广泛应用，城市交通管理部门能够对城市交通情况实施 24 小时监测监控，对有效控制道路交通违章、及时处理交通事故等有很好的促进作用。

第三，智能交通管理系统能够利用广泛分布的电子眼对市区主要道路上的车辆行驶情况及其违章情况进行监控和拍照，一旦发现道路交通事故及大面积拥堵，交通管理人员能够及时进行交通疏导和车辆分流，避免交通事故或交通拥堵导致的进一步扩大。

第四，伴随当前移动互联网、智能终端技术在智能交通领域的应用，广大市民真正的参与到智能交通领域中来。他们能够借由智能手机等各类终端实时查询自身的车辆违章情况、查询主要道路通畅情况、查询各类交通工具的实时信息，为广大交通需求者做出科学合理的出行规划提供信息支撑。

最后，城市道路交通拥堵的另一个重要原因就是车辆乱停放问题。出现乱停车的根本原因在于司机并不清楚周围的停车场和泊车位，乱停车导致本就捉襟见肘的交通道路更加紧张，道路交通拥堵问题更加突出。而智能交通管理系统的停车诱导系统能够科学合理地安排停车，提高停车泊位利用率、减少路边停车、减少停车排队、减少找寻停车位带来的时间浪费等现象，极大地提高交通效率。智能交通管理系统能够从以上五个方面极大地缓解城市道路交通压力，提高城市交通效率和安全水平。

3. 智能交通安全是确保城市交通安全的根本保证

近些年来，伴随着我国道路交通安全管理的加强和智能交通系统的建设，我国道路交通安全形势有明显的好转。从交通事故数量和死亡人数两项指标来看，十年来两项指标都有不同幅度的降低，特别是事故总起数由 2005 年的45 万多起降低到 2014 年的 20 万起以下，降幅高达 55.6%；交通事故死亡人数则由 2005 年的 98000 余人降低到 2014 年的 58000 余人，降幅达 40% 左右。由道路交通事故造成的直接财产损失在 2005—2009 年这五年间有下降趋势，但 2010 年后有所增加。可知当前虽然道路交通事故的起数和死亡人数有所下降，但每次交通事故的直接经济损失却越来越高，具体如图 4.4 所示①。

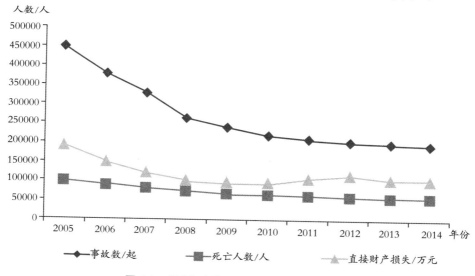

图 4.4　近十年来我国道路交通安全情况示意图

虽然从绝对数值来看，近年来我国道路交通安全形势有所好转，但与世界发达国家相比，我国道路交通安全形势依然严峻。据不完全统计，我国2011 年汽车保有量在 7800 万辆左右，发生道路交通事故 21 万余起，造成 6万余人死亡。而当时日本汽车保有量在 7000 多万辆，因道路交通安全事故导致的死亡人数只有 4600 多人，不足我国的 1/10；汽车保有量为 2.85 亿辆的

---

① 注：数据来源于国家统计局 2015 年统计年鉴——交通事故情况统计。

美国，其当年因道路交通事故导致的死亡人数也仅为 4.2 万人，按万车死亡人数这一比率进行对比，我国是美国的 5 倍多。

这种差距产生的原因有交通法规及其执行力度、交通参与者安全意识、交通事故灾后救护能力等多方面的影响，但不得不说，智能交通安全建设对提高城市交通安全水平也有很大的作用。

智能交通对提升城市交通安全水平体现在多个方面，包括车速智能预警与控制、车辆侧翻事故预警、车距预警及控制等。发达国家在城市智能交通安全领域建立起一系列的预测预警预控系统，对提升交通安全水平有极大的促进作用。为此，我国在出台并执行更为严厉的城市道路交通法规的基础上，应着力推进智能交通安全体系建设，借助各类高新技术为城市交通安全保驾护航。

（二）我国城市智能交通安全发展紧迫性分析

1. 私家车保有量的持续攀升，促使我国智能城市交通安全的发展

随着我国经济社会的快速发展以及城镇化的推进，再加上当前汽车售价的降低，市民购车需求旺盛。截至 2015 年底，我国机动车保有量达到了 2.79 亿辆，且汽车在机动车中所占比率不断提高到了 60% 以上。近五年来私家车保有量逐年攀升，如图 4.5 所示[1]。

图 4.5　2011—2015 年我国私家车保有量情况

① 注：数据来源于公安部交通管理局统计数据 http://www.mps.gov.cn/n2255040/n4908728/c4929117.html。

全国已有 40 多个城市汽车保有量超过百万辆，北京、上海、广州、深圳等 11 个城市的汽车保有量超过 200 万辆。随着市民购买力水平的提高以及小汽车销售价格的降低，我国城市小汽车保有量将继续增加，但短时间内城市市区面积及道路面积都不可能大幅增加，城市交通拥堵及安全问题就显得异常突出。因此，发展智能城市交通系统迫在眉睫。

2. 新一代信息技术革命，为我国智能城市交通安全的发展提供时代契机

当前，物联网、大数据、云计算、移动互联网等新一代信息技术迅猛发展，智能汽车、自动驾驶、自适应巡航以及智能互联等智能交通领域的软硬件技术迅猛发展，这对我国智能交通领域来说既是机遇又是挑战。我国城市智能交通建设起步相对发达国家较晚，如何借助新一轮信息技术革命的历史契机，在智能交通领域硬件发展、标准制定等方面缩小与发达国家的差距，乃至在某些方面超越发达国家，是我国必须着重考虑的问题。为此，我国必须加快智能交通核心技术研发，把握好全球新一轮信息技术革命的时代契机。因此，从这一角度来看，发展智能交通也是时不我待。

3. 经济下行压力增大，城市智能交通成为承接未来经济发展的新引擎

随着全球经济增速放缓以及我国人口红利的消失，我国进入到了"调结构、促转型"的发展阶段。传统拉动我国经济增长的三驾马车动力不足，首先，从进出口上看，由于全球经济乏力，国外市场购买力降低，我国出口环境不容乐观；其次，从消费上看，虽然我国城乡居民收入有了很大提高，但消费率低于 50%，消费对拉动我国经济增长的潜力尚未被激发出来；最后，从投资上看，以往政府主要在铁路、公路、机场等基础设施建设领域主导了投资，但当前这些领域投资已接近饱和。

此时，在全国开展智能城市交通安全系统建设，完善城市市内交通基础设施，促进智能交通设备研发，能够带动汽车产业、信息技术服务业、基础设施等相关产业的发展，能够有效承接我国未来经济的发展，有望成为我国未来经济发展的新引擎。因此，从承接我国经济未来发展来说，发展城市智能交通更是舍我其谁。

（三）我国智能交通安全发展可行性分析

我国发展智能城市交通安全有其必要性，并且无论是从缩小与发达国家差距还是从应对城镇化与汽车保有量之间矛盾的角度来看，都有其紧迫性。那么，我国是否具备发展智能交通的条件呢，本节从宏观政策、经济发展以及技术发展三个方面进行可行性分析。

1. 多种政策利好，促进智能交通发展

近年来，我国密集出台促进智能交通发展的政策和文件，鼓励城市智能交通发展，为我国智能交通发展提供了充分的政策依据。

2012 年，中国《交通运输行业智能交通发展战略（2012—2020）》发布，提出要在借鉴国外先进经验、紧密进行技术追踪的基础上，充分利用新一代信息技术，推进具有自主知识产权的智能交通技术产品研发和集成应用工作。在智能交通建设过程中，要积极利用民间资本投资，促进跨部门、跨行业的互利合作。

中共中央、国务院出台《国家新型城镇化规划（2014—2020）》，规划提出顺应现代城市发展新理念新趋势，推进智能城市建设。而智能交通能够实现交通诱导、指挥控制、调度管理和应急处理的智能化，是智能城市建设的重要内容。因此，新型城镇化的快速推进将对智能交通发展产生迫切的需求。

2015 年 6 月 18 日，交通运输部发布《关于进一步加快推进城市公共交通智能化应用示范工程建设有关工作的通知》，通知要求要通过智能交通建设提升城市公共交通运行监测、企业智能调度、行业监管决策和公众出行信息服务水平。

2016 年，交通运输部印发的《交通运输信息化"十三五"发展规划》提出，要大力推进智能交通建设，努力实现交通运输信息化的上下贯通和内外融通，促进现代城市综合交通运输体系的建设。

2. 市场需求庞大，引领智能交通发展

近几年来，受智能交通领域宏观政策的影响，我国智能交通市场呈现爆发式增长。统计数据显示：2011 年，我国智能交通行业市场规模由上一年的 201.9 亿元增长到 252.8 亿元；2012 年，虽然我国宏观经济环境不佳，经济增速开始放缓，但智能交通行业市场规模仍有 22.14% 的增幅。2010—2014 年我国智能交通行业市场规模如图 4.6 所示[①]。

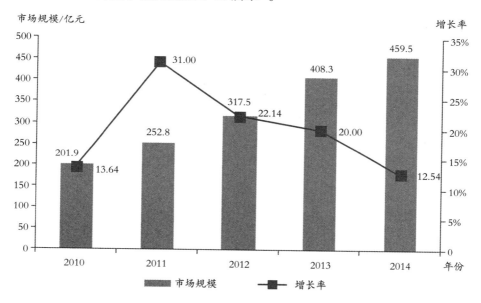

图 4.6　2010—2014 年我国智能交通市场规模示意图

3. 相关技术革新，保障智能交通实现

以下一代移动通信、宽带网络、传感器网络、电子标识、云计算等为代表的物联网技术已经成为未来发展智能交通的重要支撑技术。在智能交通领域，通过更加透彻的感知、更加广泛的互联互通以及更加智能的分析处理，能够实现交通运输参与对象，包括交通工具、道路、环境与人的交互与连接。

随着物联网技术在智能交通领域的应用，以及海量存储、无线宽带、实时定位等相关技术的不断成熟，视频和位置信息逐渐替代传统的线圈检测数据，成为智能交通系统最为倚重的交通检测基础数据来源。同时，随着智能交通传感器数据的引入，数据规模从过去的 TB 级爆发性增长到 PB 级，由

---

① 注：数据来源于智研咨询集团《2015-2020 年中国智能交通设备市场分析及投资前景评估报告》。

此带来对海量数据的存储与计算的挑战，迫切需要寻求新的处理技术和手段。而大数据以及图形图像处理技术的快速发展为智能交通大数据处理提供了可能，使得智能交通进入到大数据时代。

此外，智能汽车、无人驾驶技术、自动泊车等相关智能硬件也逐步发展成熟，为智能交通的发展奠定了基础。

五、我国智能城市交通安全发展基本思路

（一）指导思想

城市智能交通安全建设必须面向当前我国推进城镇化建设对城市交通提出的新要求，面向广大市民出行的需求，紧密围绕我国智能城市建设。在建设过程中，一方面应提高我国城市交通效率和安全水平；另一方面，又能带动相关产业的协同发展，促进我国经济的发展。

考虑到城市智能交通建设的多层次、复杂系统特性，需要运用系统的思想开展建设工作，处理好大系统与外部环境之间、大系统内部各子系统、各要素之间的复杂关系。在系统建设之前，要做好充分调研和论证工作，拿出可行方案；在系统建设之中，要紧密贴合智能城市建设需求，促进多部门跨领域融合；在系统建成之后，要做好系统综合评估与评价工作。

（二）战略思路及战略意义

1. 战略思路

城市智能交通战略发展思路为：城市智能交通建设应在支撑交通运输管理的同时，更加注重市民出行和现代物流服务；在为小汽车出行服务的同时，更加注重为公共交通和慢行交通出行服务；在关注提高效率的同时，更加注重安全发展和绿色发展；在借鉴国外经验、进行技术跟踪的基础上，更多面向国内需求。具体分析如下：

首先，以往交通领域的建设革新大都是服务于城市交通管理部门。无论是交通运输数据的感知获取还是分析处理，都是站在交通管理者的角度开展

的，这就使智能交通建设的效果大打折扣。城市智能交通建设必须以问题为导向，以智能城市、智能生活、智能社区、智能物流等方方面面对城市交通运输提出的新要求以及广大市民公众的交通出行需求为着力点，保障市民高效、安全的出行。

其次，在智能交通建设领域，以往无论是车距感应系统、自动驾驶技术、GPS 定位、道路感应器以及交通实况显示屏，更多的是为了更好地满足私家车的出行。随着资源及环境保护压力的增大，在建设新型城镇化过程中要建设集约低碳型城市，这就要求智能交通建设应更加关注公共出行以及绿色出行领域的智能化。比如，通过车联网、智能终端的使用，能够使市民实时获取交通路况、公共交通所处站点、附近公共自行车点及可用情况等。

再次，城市智能交通建设必须紧密围绕安全出行这一主题，无论是在道路交通设施还是交通运输车辆，必须做到本质安全。同时，在城市智能交通建设前要做好总体的安全规划，建成后要有行之有效的智能交通安全应急预案体系作为支撑。

最后，鉴于我国在城市智能交通领域起步较晚，在一些关键技术及设备领域与世界发达国家还存在不小的差距。因此，在建设过程中应积极学习国外智能交通领域发达国家的经验做法，少走弯路。在关键技术及设备引进上，要注重消化吸收，避免盲目投资。在此基础上，面向国内需求，加快自主研发步伐，树立城市智能交通自主品牌。

2. 战略意义

当前我国处在"调结构、促转型"的关键阶段，同时也是推进我国城镇化发展的关键阶段，此时发展城市智能交通具有重要的战略意义。

首先，随着我国经济增速的全面放缓以及房地产市场泡沫化，全国多个行业出现全面产能过剩的局面，全国经济增长乏力，原有的经济增长点难以为继。城市智能交通建设能够消化多个行业的产能，比如，城市交通道路建设、智能交通工具研发、对信息技术应用的需求能够刺激相应行业的发展，为我国经济发展注入新的动力。

第二，我国正处在全面推进新型城镇化的浪潮之中，而城镇化建设过程中一个突出的问题就是城镇道路交通拥堵的问题。随着城镇人口的增多，原有道路交通面积不足的问题日益突出，当前无论是特大型城市还是县域级城市，随着城镇人口的增加以及私家车拥有量的井喷式增长，都出现了日益严重的拥堵问题，导致整个社会效率低下。因此，城市智能交通能够缓解我国城镇化过程中的难题，促进我国城镇化发展。

最后，全球新一轮信息技术革新方兴未艾。无论是德国提出的"工业4.0"，还是美国的"工业互联网"，抑或是我国的"中国制造2025"，其本质都是想在新一轮的技术革新浪潮中拥有话语权。城市智能交通建设涉及智能汽车制造、信息通信技术、物联网感知技术、大数据云计算分析技术等多个前沿科技领域，我国推进城市智能交通关键技术研发和应用能够紧跟全球科技领域前沿，对于促进我国在信息技术领域的自主创新、提升我国的总体科研实力具有重要意义。

六、我国智能城市交通安全发展关键任务和政策建议

（一）智能城市交通安全发展关键任务

城市智能交通安全体系的建立和发展需综合应用以信息技术为主体的多个领域高新技术成果，具有很强的跨领域、多技术特征。而我国在城市智能交通安全建设领域的基础条件还比较薄弱，因此，在建设过程中应加强产学研结合、基础研究与应用研究结合，同时注重发挥政府管理主体、研发部门、企业及社会大众的不同作用，重视产业技术联盟和企业创新主体作用的发挥。具体来说，当前我国开展城市智能交通安全建设的关键任务如下：

1. 智能城市交通安全关键技术研发

智能城市交通安全系统涉及很多关键技术领域，包括智能交通信息感知与服务、车路智能协同技术、车联网、无人驾驶汽车技术等。我国必须加快城市智能交通安全关键技术的研发和应用，在新一轮国际竞争中占有一席之地。当然，在发展城市智能交通安全的过程中，由于我国起步较晚，要积极学习发达国家的先进经验，引入国外先进技术，做好先进技术的消化吸收。

在此基础上进行智能城市交通技术的再创新乃至产业化，最终实现该领域核心技术的自主可控。

2. 交通安全大数据挖掘及智能交通安全信息服务

车路协同是确保城市智能交通安全的前沿技术领域，我国应在智能交通安全研究领域积极介入、尽早布局，以占领智能交通安全科技领域的战略制高点。由于通过对交通安全数据进行专业性分析所带来的价值是无限的，大数据成为世界各国政策层面鼎力推动的战略计划。未来智能汽车将成为最大的移动终端，具有强大的衍生功能，且车联网的产业链更加深长。

交通大数据的实施能够根据 GPS 定位技术、通信技术、GIS 地理信息系统技术等对车辆监控，实现公共交通的智能调度；交通大数据可预测群体出行行为，对其可能出行的时间、路线、方式等进行预测，从而为城市车辆调度提供决策帮助；利用交通安全大数据能够对驾驶员进行评估，通过分析驾驶员的出行习惯，从路线到行为，为该驾驶员提供一套评估方案；此外，交通安全大数据还可辅助交通规划、辅助决策，如通过对拥堵路段的大数据分析后，可针对个体出行线路进行调整。因此，智能交通大数据挖掘和智能交通安全信息服务是发展智能城市交通安全的关键任务之一。

3. 城市无人驾驶汽车技术攻关

无人驾驶技术是智能交通安全实现的又一关键保障，其未来发展方向可分为高速公路环境、城市环境和特殊环境下的无人驾驶系统，其中，城市环境下的无人自动驾驶系统是城市智能交通安全实现的关键。在城市环境下，无人驾驶速度较慢，更安全可靠，应用前景更好，但城市环境更为复杂。表现在：城市道路纵横交错、城市车辆数目及种类繁多、城市行人交通行为随机性强等方面。因此，对交通感知和控制算法提出了更高的要求，城市无人驾驶技术必须应对更复杂的交通环境和随机偶然因素。因此，城市无人驾驶汽车技术是智能交通的另一项关键任务。

4. 智能交通数据安全及数据融合技术研究

随着车辆网的发展，汽车成为移动的数据源，汽车连接车联网后就不再是一辆简单的汽车，而是成为一台能够高速移动的智能终端，与车主有关的信息都能够被感知器获取和传输。另外，随着道路传感器的应用，城市道路交通状况数据也能够被实时获取。如何确保城市道路交通数据在采集、传输、应用过程中的安全成为发展智能交通的关键任务。一旦这些数据泄露，轻则造成当事人财产损失、交通事故，重则给城市恐怖袭击提供可能。因此，城市智能交通数据安全势在必行。另一方面，随着各大城市逐步推进智能交通建设，每个城市都会形成类型多样的智能交通大数据，而交通大数据融合是大数据挖掘的实现基础，能为交通安全保驾护航。因此，交通大数据融合技术也是未来我国城市智能交通建设的关键任务。

5. 新能源汽车应用与城市智能交通建设相结合

新能源电动汽车技术的未来发展重点包括燃料电动汽车、混合动力汽车和纯电动汽车，与普通汽车区别主要在于动力源及其驱动系统。由于新能源汽车的续航能力、车速、充电等方面的特点，决定了新能源汽车从性能上更加安全，更适合于城市道路交通。我国应将当前的新能源汽车发展与城市智能交通安全发展紧密结合起来，统筹考虑，创新智能交通安全建设新思路、新模式。譬如，可考虑基于新能源汽车的公共租赁汽车发展模式，可基于新能源汽车开发自动驾驶和自动泊车技术，以及基于新能源汽车的自动驾驶技术。

6. 车路智能协同及车联网的布局

在大数据时代的背景下，随着物联网技术在智能交通领域的应用，车联网的概念日趋成熟。在发展城市智能交通过程中，我国需加快制定车联网标准与规范，建立开放式智能交通软件接入平台，通过云端技术获得相关的车辆信息，使第三方能够方便地接入海量车主用户，建立良好的社区关系。同时，提供用户合理的应用内容和优质的服务体验，提高用户活跃度。

7. 全面推广智能交通信息感知与服务

交通信息智能化感知与服务的重点任务，主要包括 ETC 系统和交通流信息采集。ETC 系统基于车载电子标签，实现与微波天线之间的短程通信，不需要经过车辆停车刷卡及向收费人员缴纳现金等操作，自动读取完成收费处理的过程，具有无需停车、无需值守人员、无需现金等便捷特点。交通流信息采集利用安装在道路上和车辆上的交通信息收集系统，进行交通流量、行车速度、管制信息、道路状况、停车场、天气等动态信息收集、处理和发布，成为智能交通系统中的一个重要组成部分。

（二）智能城市交通安全发展政策建议

1. 从全局出发，加强国家顶层设计

城市智能交通及其安全体系建设是一个涉及面广，多部门协同的系统工程。从管理主体上来说，涉及城市的交通管理部门、公共安全部门、城市规划部门等；从涉及领域上看，涉及交通运输、信息技术、安全科学技术等方方面面的知识。因此，必须从国家层面出发，进行全局性、长远性战略规划，在智能交通投融资、软硬件应用、人才培养、支撑环境等多方面出台国家支持政策。做到国家、交通运输主管部门、各城市智能交通建设相关主体有政策可循，在建设过程中能够顶层设计、分层实施，不搞重复建设。

2. 推进我国智能交通安全标准化建设工作

城市智能交通建设是一项复杂的系统工程，又可以根据不同的标准划分为不同的子系统。在建设过程中，必须有一套可行的指导性标准为依据，以避免重复投资、信息孤岛问题的出现。特别是在我国全面推进城市智能交通建设过程中，若没有统一的标准，每个城市各建一套，会最终导致每个城市智能交通系统彼此不兼容，数据融合困难。除此之外，国家相关标准的出台也有利于各类智能交通安全产品的研发和生产以及系统集成工作。在制定相关标准时，应借鉴参考国外发达国家在智能交通领域标准制定方面的经验，以做到与国家接轨。

3. 加快我国具有自主知识产权的智能交通技术与产品研发

智能交通建设涉及多方面技术的综合应用与集成，现阶段由于我国智能交通建设相较发达国家起步较晚。因此，需要引进国外成熟的技术和产品，但在引进过程中应注重消化吸收，在此基础上，结合我国城市智能交通建设需求，加快对智能交通领域关键技术的突破和产品的研发。同时，要密切关注领域发展动向，把握好未来智能交通领域的发展方向，综合运用政策支撑、加强立法以及财政补贴等方式，鼓励自主创新，使我国在国际智能交通建设与应用领域占有一席之地。

4. 结合我国特点，促进智能交通优势产业集群形成

城市智能交通建设将城市交通运输、汽车产业、物流产业、信息技术产业等有机地整合在一起。特别是在当前我国城镇化建设以及低碳城市建设的大背景下，新能源汽车备受青睐；同时物联网已上升到我国国家战略，而"互联网＋"也被写进政府工作报告。因此，应以城市智能交通建设为契机，借助国家对相关领域的政策支撑，进行多领域整合，形成智能交通优势产业集群，促进各相关产业协同发展。

第5章

iCity

中国智能城市生态环境
安全发展战略研究

一、智能城市生态环境安全发展概论

（一）智能城市生态环境的概念

智能城市相对于传统的城市规划与城市管理，具备更加完善的城市系统：借助云计算、物联网等技术，把智能城市交通路网、智能医疗与安全卫生、智能电网、智能城市居民健康、智能城市生态监控等诸多领域结合起来，为居民在生产、日常生活等领域提供数字化、可视化的信息。智能城市超越了信息化、数字化的维度，致力于实现城市资源完美配置的高效运作模式，以提高城市运作效率，提升居民生活幸福指数。智能城市的建设意味着城市运行机制将有较大的飞跃进步，有助于实现城市信息的汇聚与散播，有助于利用城市信息化改善居民的生活品质，有助于增强城市的可持续发展能力。

从城市生态系统理论的角度而言，城市可以划分为六大系统：居民、水资源、能源、城市商业、城市交通和通信。其中居民是城市的核心力量和主要建设者，水资源和能源是城市发展经济、开展社会活动的基本设施，城市商业系统是政府和市场经济运行的大环境，城市交通和通信系统决定了城市互联互动的能力；这六大核心系统紧密联系、共同协作，有效地促进城市的可持续发展。可持续发展能力是城市智能化的重要体现，以可持续发展为目标，智能城市生态环境安全发展的概念由此延伸出来（周建国，2013）。在 21 世纪初期，欧盟提出了智能城市的 6 个组成维度，分别是智能经济、智能社会、智能管理、智能交通、智能环境和智能生活。

智能城市生态环境，是在智能城市发展的基础上，在城市自然资源、自然环境的基础上，按照适应智能城市发展的要求进行的对城市的改造，使之适合人类生存和发展。智能城市生态环境安全发展状况主要体现在三个方面：城市环境、能源利用情况良好，居民生活上安全舒适，社会发展上依靠低碳经济。目前，世界上很多城市已经着手准备研究以可持续发展为原则的智能化，建立起先进的管理系统，如智能交通系统、水资源管理系统等。

（二）智能城市生态环境安全发展涉及的技术

云计算、物联网、无线网络等信息技术，综合体现在市政、社会管理、公共服务、社会生活、生态环境等城市的各个方面。智能城市生态环境的发展，需要借助云计算、物联网等信息技术，这样智能城市生态环境各项指标才能得以全方位的检测与预防。智能城市生态环境安全发展离不开以下技术：

1. 云计算

云计算是依赖互联网技术的发展，利用其服务的增加、使用和交付模式，可利用互联网来实现动态、即时的、虚拟化的资源。主要的运行模式是云计算平台，云计算平台主要是对云计算中的大量数据进行统计、管理、利用。数据资源池包含公共设施数据库、基础空间数据库、经济运行数据库、个人信息数据库和元数据库等，还具有一些特定行业的数据资源池，如交通数据库、医疗数据库、生态环境数据库等。云计算平台可以根据相关数据信息，进行数据智能处理、分析预测，提供决策支持。目前，云计算的服务产品有：弹性计算、云引擎 ACE、开放存储服务 OSS（Open Storage Service）、云监控、云盾、云搜索、云地图、云邮箱等。

2. 物联网

物联网是在互联网、传统电信网等的基础上延伸出来的，指的是用户端和任何物品端连接起来，形成物物相联的互联网，这种技术能够对既定物品进行有效识别、精准定位、实时监控、智能管理。物联网涉及的技术如下。

（1）传感器技术

传感器是计算机应用中的核心技术，因为目前计算机处理的都是数字信号，需要将模拟信号转化为数字信号，这就需要传感器技术。所以，传感器技术是实现测试与自动控制的重要环节。传感器技术的主要特征是能准确传递和检测出某一形态的信息，并将其转换成另一形态的信息。

（2）RFID（Radio Frequency Identification）

RFID 即射频识别技术，是一种非接触式的自动识别技术。可以识别物体，也可以利用射频信号完成无接触的数据信息传递。RFID 是传统条码技术的继承者，又称为"电子标签"或"射频标签"。RFID 具有以下优点：自动化程度高、耐用可靠、识别速度快、适应性强、可高速和多目标同时识别等。所以，RFID 在物品环境监测管理、自动识别领域、特定行业等方面前景广阔。

（3）嵌入式系统技术

嵌入式系统技术是一项结合了传感器技术、电子信息技术、电子集成等技术为一体的综合技术，以计算机技术为基础、以完成预先定义的任务为目标的专业计算机系统，具有适用范围广、适用性强、高新技术密集、信息量大、智能识别等特征。以嵌入式系统技术为特征的智能终端产品随处可见，例如 MP3、微波炉、汽车、智能家居、卫星系统等。

（4）M2M 技术

M2M 技术即机器对机器（Machine-To-Machine）通信。现阶段 M2M 重点用于机器对机器的无线通信，具体有以下三种方式：机器对机器，机器对移动电话（如用户远程监视），移动电话对机器（如用户远程控制）。

（5）数据融合技术

数据融合技术是按照一定的原则，对既定条件下的信息进行分析、综合、评估、决策等综合处理的技术，这些信息可以通过计算机按照一定时序取得。数据融合技术主要应用领域有：多源影像复合、机器人和智能仪器系统、无人驾驶飞机、图像分析与理解、目标检测与跟踪、自动目标识别等。

3. 增强现实技术

增强现实技术（Augmented Reality，AR）也称为混合现实技术，是一种将计算机、摄像技术和图像处理技术相融合，将设定的虚拟场景在计算机上展现，通过佩戴合适的眼镜可以身临其境地感受虚拟场景的技术，使人产生虚拟物体成为真实环境的直观感受。这种技术的目标是在屏幕上把虚拟世界套在现实世界并进行互动（见图5.1）。增强现实技术包括三维建模、实时视频显示及控制、传感器融合、实时跟踪及注册、场景融合、多媒体等新技术。增强现实技术可广泛应用到军事、医疗、建筑、教育、工程、影视等领域（邵丹等，2012）。

图5.1　增强现实技术虚拟演播室

4．二维码技术

二维码技术是按照一定的集合和分布规则，将一定的几何图形集合在一个二维平面上的数据图形记录符号，可以扫描进行信息处理，比较常见的有微信等社交运用、商家广告传播等。该技术的基本原理是，运用计算机的"0"、"1"比特流的概念，通过将计算机数据语言转化成二进制语言，来实现计算机语言的代替。二维码技术具有识读速度快，全方位识读，纠错能力强，信息量大，成本低，易制作，持久耐用等特征。而且条码符号形状、尺寸大小比例可变，二维条码可以使用激光或CCD阅读器识读，可广泛运用在生态环境宣传、智能城市生态信息处理等方面。

5．空间信息网格技术

空间信息网格技术是一项信息共享与处理系统，该系统集聚了地球上大量数据和信息，并对海量空间信息资源进行数据一体化组织、处理、传送。空间信息网络是一项网络系统，以诸如同步卫星、低轨道卫星、无人驾驶飞机等的空间平台为载体，来获取、传送数据，并对空间信息进行处理。空间信息网络技术主要在以下方面进行广泛运用：GPRS 定位、应急救援、导航定位、航空运输、航天测控、远洋航行监测等（韦亚星，2007）。

（三）智能城市生态环境安全发展的特征

伴随着智能技术的发展，智能城市融合了信息化、数字化、智能化等特征，其生态环境安全发展也具有一定的特征，这些特征结合了智能城市在发展理念、发展方式及发展过程中展现的一些特征要素。

1. 以人为本

首先，智能城市生态环境安全发展，离不开人。发展智能城市生态环境的首要目的，是为了人类的可持续发展，智能城市生态环境安全发展是以人类可持续发展为目标，并致力于提升城市居民幸福指数。其次，智能城市生态环境安全发展离不开人的主观能动性作用，在智能城市中，充分展现了利用科技、以人为本、协同创新的城市理念，将智能城市中人才的力量充分发挥，塑造全新的智能城市功能。

2. 以数据化、信息化、智能化为首要特征

综合大数据、云计算、互联网和物联网模式，整合城市大数据，对城市生态各方面进行检测和全面感知，及时检测、监控和协调城市生态环境。

3. 以整体性、融合性为依托

智能城市管理将生态环境安全与智能城市的交通安全发展、食药品医疗卫生安全发展、电网系统安全发展等智能地融合在一起，实现城市信息的互联互通，各方因素都将影响到生态环境的安全发展。

4. 充分配置资源

智能城市生态环境以智能化的基础设施为依托，充分整合智能城市的资

源，将互联网与物联网衔接起来，使两者完全融合，为城市生态环境安全发展提供智能化保障。

（四）智能城市生态环境安全发展的影响因素

智能城市生态环境影响着人们的生活质量与幸福度指数，智能城市生态环境安全发展至关重要。欧盟为"欧洲绿色之都"的评选提出的标准涵盖了六大主题：气候与能源、可持续的消费、交通便利、城市绿化和环境、资源保护与经济、城市发展与生活。根据欧盟的标准，智能城市生态环境安全发展状况主要体现城市经济发展模式、城市资源与能源利用状况、城市道路规划与土地利用状况、城市环境污染与治理状况。

城市经济发展模式。智能城市需要根据这个城市的经济、地理条件、社会环境因素等来选择适合的经济发展模式。大部分的智能城市最明显的特征是数字化、智能化、现代化，其经济发展模式应该是低碳的。然而我国一些展开智能化建设的城市，是已经进入工业化中期或后期的省会或大中型城市，一部分城市的经济发展模式依然是依靠能源消耗，如果不转变经济发展模式，能源消耗殆尽，必然影响智能城市生态的安全发展。

城市资源与能源利用状况。智能城市的能源供应有限、能源利用率低，产能消耗高等问题，直接影响到智能城市的环保与节能效应。一般而言，资源消耗型城市要比非能源消耗型城市的污染程度要严重，其智能城市生态安全的问题也比较突出。只有不断优化能源利用结构，进行能源利用的科学管理，采用先进的工艺和设备，减少或避免生产和服务中污染物的排放，才能优化能源利用状况，促进智能城市生态环境的安全发展。

城市道路规划与土地利用状况。为了减少城市土地消耗，提高城市土地利用效率，防止城市低密度的扩张，建议采取集约土地政策，鼓励发展中高密度社区。同时建议进行城市道路规划，积极引导交通工具合理流动。如果城市道路规划、城市公交系统、社区服务设施建设不合理，将会导致城市土地利用紧张和城市无序蔓延。

环境污染与治理状况。环境污染与治理状况直接影响到城市生态环境的质量，影响着城市居民的生活质量水平和幸福指数。如果一个智能城市在生产活动之前就采取了预防污染的有效措施，将大大降低城市的污染；如果智能城市污染已经产生，那么就需要立即采取切实、有效的污染治理措施，这样才能保证城市污染状况得到缓解。目前，我国的一些城市已经出现了较为严重的生态环境问题，并且短期内恢复良性的生态健康存在着一定困难，这提醒着人们发展智能城市生态环境安全迫在眉睫。

二、我国智能城市生态环境安全发展状况

目前，我国的智能城市生态环境安全发展刚刚起步，虽然在技术上有一些突破性的发展，但是被熟练地运用到实践中还需要一些时间。其次，中国与世界上发达国家的一些智能城市相比，在很多方面如城市绿化程度、人均绿化面积、城市能源利用状况、城市交通、城市道路规划与土地利用状况等，都存在一些差距。另外，随着工业化、城镇化的进程加速发展，我国城市方面的问题凸显出来，如资源利用不合理导致的问题，空气污染、水资源短缺和水污染等问题。

（一）我国智能城市生态环境绿化程度的发展

世界上大多数国家都在很多年前就开始关注森林绿化、湿地等自然资源的保护和重建工作，保证人均绿化面积在一定水平上，保障居民在享受城市化发展带来的便利的同时，也提高其生态环境幸福指数。但是我国很多城市在城市人均绿化面积、城市湿地保护等方面都远远不及世界上一些城市，如新加坡、东京等。

一个城市的绿化程度可以反映出这个城市是否在环境方面给予了相对的重视。城市绿化覆盖率的高低是衡量城市生态环境质量的重要指标，同时也关系着城市居民生活幸福水平。图 5.2 表示了 2015 年北京、上海、广州、新加坡、东京、纽约 6 个城市的城市绿化覆盖率，图 5.3 表示了 2015 年北京、上海、广州、新加坡、东京、纽约 6 个城市的人均公共绿地面积。从中可以

看出，新加坡、东京、纽约三个城市的绿化覆盖率都已经超过了 50%，而我国北上广三地的绿化覆盖率都在 40% 左右。

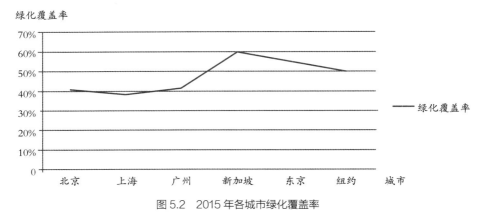

图 5.2　2015 年各城市绿化覆盖率

（数据来源：国家林业网，北京市环境保护局，知网资料）

　城市公共绿地和城市绿化程度一样，也影响着智能城市的生态环境状况。人均公共绿地面积直接影响到居民的生活质量，关系到居民的生活幸福指数。由图 5.3 可以看出 2015 年 6 个城市的人均公共绿地面积新加坡最高，其次分别为东京和纽约，北京地区人均仅有 10 平方米，这说明我国北上广三地的绿化程度与新加坡、东京、纽约还有相当大的差距。

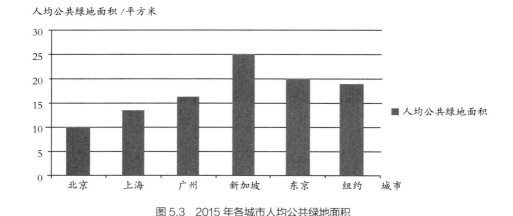

图 5.3　2015 年各城市人均公共绿地面积

（数据来源：国家林业网，北京市环境保护局，知网资料）

（二）我国智能城市生态环境的能源利用状况

随着工业化、城镇化的加速发展，伴随着经济结构调整、产业转型等影响，我国的能源利用状况不尽合理，城市方面的问题凸显出来。以空气污染为例，造成北方雾霾天气的原因主要有：工业有害气体排放、汽车尾气排放（部分车辆排放标准跟不上国家标准）、冬季供暖燃烧煤炭废气排放、道路扬尘等。其中工业排放和汽车尾气排放是造成城市雾霾污染最为主要的因素。我国是一个人口大国，工业化进程及能源使用合理性相对落后于发达国家，为支撑国家经济高速发展，大量需要的高新技术工业、基础工业和其他小工业并存发展，导致大气污染问题日趋恶化（徐良才等，2010）。而美国、俄罗斯、日本、韩国等发达国家工业化发展已进入饱和状态，能源利用效率及合理性远超其他发展中国家，污染工业逐步被高新技术工业取代，大气环境治理进程加快。

我国能源结构主要以煤炭、原油、天然气等为主，现有能源结构合理性与发达国家存在较大差距。根据中国天然气工业网数据统计，2015 年，中国煤炭能源消耗量占比世界总量近 42%，是世界煤炭能源消耗最多的国家；原油能源消耗在我国能源结构中仅占比 20.7%，但原油能源消耗量占世界总量比重仅次于美国，位居世界第二；天然气能源消耗在我国现有能源结构占比仅有 4%，远低于世界平均水平（王希波等，2007）。图 5.4 显示的是 2015 年世界主要国家能源消费结构，从图 5.4 可知美国、俄罗斯、中国、日本、韩国等国家能源消耗数量相对较大，美国、日本是以石油为主，俄罗斯、加拿大等主要利用天然气等清洁能源，煤炭占能源结构比重较小。

单位/Mtoe

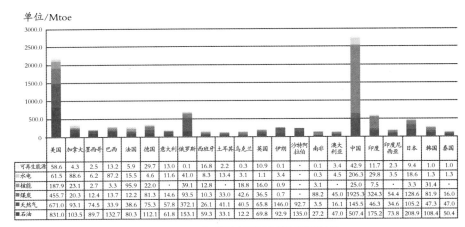

	美国	加拿大	墨西哥	巴西	法国	德国	意大利	俄罗斯	西班牙	土耳其	乌克兰	英国	伊朗	沙特阿拉伯	南非	澳大利亚	中国	印度	印度尼西亚	日本	韩国	泰国
可再生能源	58.6	4.3	2.5	13.2	5.9	29.7	13.0	·	16.8	2.2	0.3	10.9	0.1	·	0.1	3.4	42.9	11.7	·	9.4	1.0	1.0
水电	61.5	88.6	6.2	87.2	15.5	4.6	11.6	41.0	8.3	13.4	3.1	1.1	3.4	·	0.3	4.5	206.3	29.8	3.5	18.6	1.3	1.3
核能	187.9	23.1	2.7	3.3	95.9	22.0	·	39.1	12.8	·	18.8	16.0	0.9	·	3.1	·	25.0	7.5	·	3.3	31.4	·
煤炭	455.7	20.3	12.4	13.7	12.2	81.3	14.6	93.5	10.3	33.0	42.6	36.5	0.7	·	88.2	45.0	1925.3	324.3	54.4	128.6	81.9	16.0
天然气	671.0	93.1	74.5	33.9	38.6	75.3	57.8	372.1	26.1	41.1	40.5	65.8	146.0	92.7	3.5	16.1	145.5	46.3	34.6	105.2	47.3	47.0
石油	831.0	103.5	89.7	132.7	80.3	112.1	61.8	153.1	59.3	33.1	12.2	69.8	92.9	135.0	27.2	47.0	507.4	175.2	73.8	208.9	108.4	50.4

图 5.4　2015 年世界主要国家能源消费结构

（数据来源：中国天然气工业网）

（三）我国智能城市交通、城市道路规划与土地利用情况

经过新中国成立后几十年的发展，我国城市交通规划取得了长足的发展，但仍然存在着一些城市交通问题，主要表现在：交通规划工作规范化不够，交通规划管理的理念落后，行政体制和科学交通规划不够，规划管理的公众参与程度不高等。

首先，我国众多的城市仅北京、上海等一线大城市具有专门的城市道路与交通研究机构和专业的交通规划人员，所以很多城市的交通规划针对性、有效性很难得以保证，全面推进交通规划工作的标准化、规范化的难度较大。

其次，从城市道路与交通发展战略来看，大多数城市交通规划中重视"车本位"而忽视"人本位"，在城市基础设施建设中一些城市强调建设高架路、立交桥、主干路等倾向于满足机动车运行的设施；一些地方机动车道一再拓宽，但是步行道路、自行车道等环保的支路网建设比较薄弱；公共交通设施的建设也是能省则省（李俊，2005）。

再次，城市道路交通管理体制和土地管理体制在一定程度上影响了城市交通的规划、对策、实施及相关部门之间具体管理的衔接。一方面，城市道路规划、建设、管理之间的协调未得到重视，许多规划很少考虑后期的交通管理，没有形成顺畅的、协调的表达机制（罗彬，2007）。另一方面，部分政府部门过分的追求经济利益，利用土地管理机制发展当地经济，忽视了城市交通的社会效益、环境效益以及在推进整个城市可持续发展中的重要作用（王荣玲，2006）。

（四）我国智能城市空气、水、土壤、声污染的状况

随着我国城镇化、现代化的进程加速，目前我国的生态环境状况受到了巨大的破坏，主要由人口过剩、资源过度开发、工厂及汽车尾气等原因造成的空气污染、水资源和土壤污染、固体废弃物处理不当等。空气、水和土壤是人类赖以生存的基本条件，它们遭受污染直接威胁着人类的生命安全。

空气污染。空气污染源主要由工业生产、生活及采暖炉灶、传统燃料交通运输和森林火灾等产生。其中工业生产废气污染组成最为复杂，有悬浮颗粒物、硫化物、氮氧化物、碳氧化物、重金属等。生活及采暖炉灶主要由城镇居民日常生活燃煤和采暖燃煤产生，煤在燃烧过程中产生大量悬浮颗粒物、二氧化硫等大气污染物质，煤炭不完全燃烧还会产生一氧化碳、一氧化硫等有毒物质。传统燃料交通运输以汽油、柴油等为燃料，发动机运转过程产生的尾气也含有大量悬浮颗粒物、硫化物、氮氧化物等大气污染物质。

水污染。我国的城市用水分为居民用水和工业用水，在很多大型城市二者的污水排放量相对较高，并且由于污水处理不恰当，导致城市水污染严重。相关资料显示，2015 年，全国污水的排放量超过 400 亿吨，这对城市水资源构成一定威胁，不利于智能城市的和谐发展。

土壤污染。土壤污染相比大气污染源，形成过程更为复杂、漫长，其主要成因有大气的沉降、水污染、工业污染、建筑污染、交通运输污染、农业面源污染、矿山开采污染、垃圾污染等。可以说任何污染都可能最终影响到土壤，所以土壤污染的治理难度也更大，对其有效防治也更为迫切。土壤污染物通过植物吸收并在植体中存留、积累，富集到食物链顶端——人类身体内，对人类身体健康造成迫切威胁（洪嘉祥等，2004）。

噪声污染。与其他环境污染相比，噪声污染更具隐蔽性和偶然性，以

及难取证、难处罚性。城市噪声污染主要有交通噪声、工业噪声、社会噪声等。现阶段，我国的大多数城市都处于工业经济发展阶段，所以一定程度上都存在较严重的噪声污染。2015 年，全国共计有 209 个城市的噪声高达 43.6 分贝，处于中等级别的噪声污染等级（周浩，2005）。噪声污染在城市生活中逐渐引起居民的关注，对噪声污染的投诉在各类环境污染投诉中位居榜首，而且投诉人次呈逐年增加的趋势。

三、国外智能城市生态环境安全发展先进经验

（一）发达国家智能城市生态环境安全发展的背景与概况

翻阅关于国外发达国家开展智能城市生态环境安全发展的资料，发现欧美一些发达国家在工业革命之后大都存在城市生态的问题，如伦敦有着雾都之称。随着经济的发展和人们生态环保意识的提高，人们在建设智能城市的同时，对智能城市生态环境安全发展给予了相当的重视。

20 世纪初，欧盟为"欧洲绿色之都"的评选提出的标准涵盖了六大主题：气候与能源、可持续的消费、交通便利、城市绿化和环境、资源保护与经济、城市发展与生活。针对"欧洲绿色之都"的评选标准，综合来看，智能城市生态环境安全发展需要考量以下几个方面：一是可再生能源利用状况，二是经济发展模式与可持续的消费，三是城市交通、城市规划与城市土地利用状况，四是城市绿化程度和城市自然环境状况，五是城市污染治理、废弃物处理状况。人类社会的发展经历了工业革命带来的经济繁荣与环境污染，人们越来越意识到只有人与自然和谐相处，才能实现可持续发展。所以，节约使用地球资源、注重环境保护与污染治理、建立和谐的生活环境日渐提上日程，将生态环境安全发展融入智能城市建设是可持续发展的一部分。通过城市空间规划、生态案例借鉴、经济宏观调控等途径，在可再生能源利用、经济发展模式与可持续的消费、交通是否便利、城市规划与土地利用、城市绿化和环境、城市污染治理、废弃物处理与居民生活、废弃物利用，以及其他政策等方面全面推进生态城市建设。

美国致力于用高科技掌握和监控城市生态问题，约在 20 世纪 60 年代，土壤水分监测采用的是遥感监测方法，70 年代对土壤水分遥感监测、生物群与土地之间的关系进行研究。2009 年，美国迪比科市开始与 IBM 公司合作建立美国第一个智能城市，将城市资源如水、电、医疗、卫生、交通、市政公共服务等综合起来，实现对既定目标的监测、实时监控、分析和处理，来实现资源的合理配置，从而提高城市运作效率（肖国杰等，2006）。

（二）发达国家智能城市生态环境安全发展的经验

绿色环保是当今城市发展的重要主题，也是今后城市发展的方向。世界各地已经涌现出了许多绿色城市的实践案例。依据欧盟为"欧洲绿色之都"的评选提出的标准，以新加坡、日本的东京、美国的波特兰市、瑞典的斯德哥尔摩为例，从各个方面来探索发达国家智能城市生态环境安全发展的相关经验。

一是可再生能源利用方面。斯德哥尔摩和波特兰市都使用清洁能源，如电力、风能和太阳能发电：斯德哥尔摩已经具有现代化功能完备的风力发电整体系统；波特兰市充分发挥高新技术的作用来达到环保的目的，通过建设电动车市场、电能存储、绿色建筑等，实现资源的节约与可持续。

二是经济发展模式、可持续的消费方面。斯德哥尔摩致力于建设光纤等更高效的通信方式，截至 2015 年，斯德哥尔摩已经具有 120 万千米的光纤网络。规划到 2020 年，光纤能够进入每家公司和每户住宅。这项措施的节能效果十分明显，例如它直接减少了因为通信设施更新而频繁开挖道路。另外，通信效率的提高，有力地促进了互联网发展，间接减少了能源消耗。

三是交通是否便利、城市规划与土地利用方面。在城市道路交通方面，波特兰市自 1980 年就开始使用 GIS 模拟城市交通，结合城市发展来进行城市交通的未来规划。在城市土地使用方面，波特兰市和日本东京一样，提倡高密度的土地开发模式，提倡公交导向的用地开发。波特兰市的交通系统以紧密接驳的公交系统和慢行系统著称，公交系统以轻轨和公交为主，并进行街车系统建设、缆车系统建设、轻轨系统建设，公交系统采用智能化管理方式，对车辆运行时间实时显示，并使用智能手机进行公交计费。

东京城市圈人口密度大，其生态环境压力较大，但是东京公共交通发展方面具有独到的经验：为减少土地消耗，防止低密度扩张，坚持集约和精明的土地利用政策，把城市未来发展集中在存量土地范围，鼓励发展中高密度社区（佟新华，2014）。

四是城市绿化和环境方面。新加坡在城市建设方面，很早就提出了建设花园城市的设想，建设网络化的城市绿化廊道，建设绿色基础设施。新加坡结合高速公路、河沿线、铁路沿线等交通，建设的绿化走廊达到360千米，形成了连接全国的绿化走廊网状带，绿化走廊中专门设置道路供行人使用，提高城市的生态环境。另外，在绿色建筑方面，新加坡自2008年就设置了绿色建筑最低标准，按照不同空调面积设置不同的绿色星级等级（张雅丽等，2008）。

五是城市污染预防与治理方面。斯德哥尔摩的公共交通系统也大量地采用了清洁能源和再生能源，如所有的有轨电车采用的都是再生能源产生的电力，早在多年前年斯德哥尔摩就秉承可持续发展的理念，逐步将全市50%的公共汽车和巴士都进行能源替换，2015年，实现全市50%的交通系统采用可再生能源，斯德哥尔摩的目标是在2025年实现所有公交系统全部使用可再生能源，这从源头上面控制了城市污染。

六是在废弃物利用方面。2015年，波特兰市城市废弃物处理率高达75%，主要是将城市固体垃圾进行分类处理，将纸张等可回收垃圾、厨余垃圾、玻璃、建筑垃圾等分别进行不同方式的处理。例如，厨余垃圾会被专门机器粉碎，进行发酵再利用。斯德哥尔摩对于废弃物处理，目标是尽最大可能回收利用，再生成为有效资源。城市的废弃物焚烧处理和回收利用已有百年历史，利用废弃物发电发热，并利用可燃烧的废弃物替代石油和煤，最大限度地减少垃圾填埋。发展至今，城市已经具有现代化功能完备的废弃物收集和回收利用的整体系统。同时，废弃物运输中的创新措施，如地下真空运输系统等，使废弃物特别是生化废弃物得到充分的回收利用。瑞典法律禁止任何有机废弃物被直接掩埋处理，所以在斯德哥尔摩，所有的有机废弃物被收集经过回收处理后再生为生化气体和肥料，目前超过 70% 的城市居民使用城市集中供暖，而集中供暖系统相当一部分的能源来自对废弃物的回收利用。而东京的垃圾分类处理系统更是深入人心，全民都具有垃圾分类处理的意识（钱伯章，2010）。

（三）发达国家智能城市生态环境安全发展的启示

在城市空间规划与土地利用方面，重点对土地利用与功能布局、能源利用与可再生能源开发、生态保护与绿色基础设施管控、绿色建筑与生态住区建设、废弃物处理和资源化利用、交通引导开发与绿色交通体系等领域进行规划设计。规划形成用地集约、结构紧凑、功能混合的空间布局，高效低碳、循环再生的资源能源利用体系，行人优先、通畅便捷的绿色交通体系，布局均匀、互相连接的绿色基础设施，绿色环保、宜居舒适的绿色建筑与社区。

交通规划方面。首先，加强道路交通管理，因地制宜设置不同城市的车流标准和时段监控，优先发展公交系统道路，设置公交道路和非公交道路的明确标识和通行标准；在违反交通规定方面，给予违法者严重警告和处罚；在停车场设计方面，利用高科技充分发挥其智能作用，实现交通平台信息共享（官宗琪，2005）。其次，建议城市有轨电车采用再生能源产生的电力。同时，大力推广公共交通系统鼓励市民改变出行方式，降低对私家车的依赖。另外，倡导居民乘坐公交、地铁出行，既可减少环境负荷，也可提高空间利用效率，同时还可以减少空气污染和噪声污染。

在城市污染的预防方面，公共交通减少石油燃料的使用，尽量使用可再生能源，如电力等，从源头上减少城市污染。在废弃物处理方面，建立完备的废弃物管理和处理系统，同时城市的废弃物运送系统具有多种创新技术和设施，以便高效地回收利用废弃物。废弃物管理部门努力提升公众减少废弃物、废弃物分类和回收利用的意识。此外，政府还应该持续评估各种相关活动的成效，以便有针对性地改进政策、规划和措施。

在城市居民生活方面，建立有效的自然水质标准和完备的自然生态体系。在水质净化、降低噪声、废气减排、提升生态多样性等多方面采取相应的措施，为民众创造良好的生活品质。

四、我国智能城市生态环境安全发展形势分析

智能城市生态环境安全发展是人们在认识到伴随着工业革命出现的污染及城市问题的严重程度后，所开展的物质文明与生态文明建设，这是人类与自然迈向和谐发展的重要举措，也是人类生态文明观念增强的具体体现，所以智能城市环境安全发展迫在眉睫。我国的智能城市生态环境安全发展在一定程度上有所突破，同时政府等相关部门也比较重视，所以在一些城市取得了不错的成果。但是不可否认的是，很多城市在建设智能城市的时候面临很多的生态问题和挑战。

（一）智能城市生态环境安全发展的必要性和紧迫性

目前，我国一些城市推出了发展智能城市的口号，但是一些城市仍然对智能城市生态环境安全发展的关注较少，在智能城市生态环境安全发展方面还存在一些不足。我国在建设智能城市的同时，不能忽略智能城市生态环境安全发展中的问题，因为生态环境安全与智能城市建设相辅相成，密不可分。

首先，我国智能城市生态环境安全发展建设程度与其他欧美发达国家相比存在一定的差距，我国一些城市的能源利用状况并不理想，并没有考虑到长久可持续发展的生态良性循环发展。而世界上大多数发达国家都在森林绿化、水资源、环境污染治理等方面关注较多，且有所建树，既保障居民享受城市化发展带来的便利，提高其生态环境幸福指数，也有利于促进世界可持续发展（谷树忠等，2013）。

其次，我国智能城市建设刚刚起步，前期得到了较快的发展，但在实际应用中灵活性较差，可能还需要一定的时间。例如，建设城市生态环境大数据信息资源库，需要让城市市政管理、城市生态系统数据、经济发展动态信息、城市设施感知信息等汇集起来，但是实际上由于技术实用性等问题，智能城市的城市数据网络系统并没有很好建立起来，或者没有很好地投入到智

能城市中使用，没有准确地追踪城市生态环境特定指标的变化。

再次，我国很多智能城市在建设生态环境的时候，受经济发展模式的影响，很多城市都出现了一些相同的"城市通病"，如交通拥堵、生活用水污染、废弃物处理不当等；同时更有一些城市出现了"城市特色病"，如北方城市的雾霾天气。这些都是由于我国在经济发展过程中，单纯追求 GDP 忽视环境保护造成的，这与我国大多数城市的工业经济发展模式密不可分。所以，需要转变观念，优化经济发展模式，注重城市生态环境安全发展（孙艳艳，2012）。

（二）智能城市生态环境安全发展的可行性

我国智能城市生态环境建设虽然起步较晚，但是我国的技术水平保持在世界前列，这对智能城市生态环境的安全发展起到很好的作用。同时，我国的智能城市相关技术在近些年发展迅速。智能城市的生态环境安全发展离不开前期基础设施建设、中期数据处理设施建设、后期的服务平台建设，相关的技术有：电信设备制造、数据监测与采集、电信运营和数据服务等，这些技术在现阶段已经相对成熟，而且有相当大的一部分已经投入智能城市进行运用。

近年来，我国的 GIS（地理信息系统）、遥感、遥测、宽带网络、多媒体、无人机、VR（虚拟现实技术）等都得到了长足的发展。特别是近年来我国的无人机和 VR 技术，得到了世界的瞩目——基于手机芯片的无人机整体解决方案，可以将无人机做得更小、更智能、更容易扩展，虚拟控制中心则自动调控预警信号、信息处理、信息反馈和优化决策。这些技术是智能城市生态安全发展的基础，有助于对城市的功能机制的信息进行自动采集处理、动态监测管理和辅助决策，优化生态环境发展的决策。

在森林绿化带、湿地等城市自然资源的掌握方面，结合物联网的传感器技术及设施、地理空间数据库，掌握资源的变化情况，实现对生态环境的实时监测和实时掌控。

在大气和土壤治理方面，我国的物联网通过智能感知技术探测并传输信息，对空气、土壤质量进行检测。利用互联网技术，对污染排放源检测，并形成实时监控，并能加强对水库河流、居民等二次水质检测网络体系建设，形成实际监控。利用遥感系统、地理信息系统技术对全国资源状况进行周期性调查与更新，监测空气污染指数、土壤污染程度等。

在城市预防火灾方面，我国的航天遥感技术在森林火灾的监测与预报、农田面积统计、农作物产量与收益、自然资源开发、城市路网监控、城市生态指标检测等方面具有良好的作用。

（三）智能城市生态环境安全发展面临的问题和挑战

伴随着经济结构调整、产业转型等带来的影响，我国城市污染方面的问题凸显出来。我国的智能城市生态环境安全发展存在相当多的问题与挑战，主要集中在能源利用方式粗放、交通系统与道路规划不合理、城市环境质量状况堪忧、空气质量明显下降、水体污染十分严重等几个方面。

能源利用方式粗放。我国能源结构主要以煤炭、原油、天然气等为主，但现有能源结构合理性与发达国家存在较大差距。根据中国天然气工业网数据统计，2015 年，中国煤炭能源消耗量占比世界总量近 42%，是世界煤炭能源消耗最多的国家；原油能源消耗在我国能源结构中仅占比 20.7%，但原油能源消耗量占世界总量比重仅次于美国，位居世界第二；天然气能源消耗在我国现有能源结构占比仅有 4%，远低于世界平均水平。

交通系统与道路规划不合理。城市交通规划存在着一些问题，主要表现在交通规划工作的规划程度不够，交通规划管理的理念落后，行政体制和科学交通规划不够，规划管理的公众参与程度不高。城市建设、规划以及交通管理的协调未得到重视，许多规划很少考虑后期的交通管理。交通系统还存在规划合理但落实不到位的问题，例如，武汉市南湖区域存在路网、停车场规划不科学、建设滞后等问题，居民出行难（谢映霞，2013）。有人指出如果从用地情况和道路网络情况看，道路网的密度和纵横向的间距还是比较合理的，如果实施得好，对缓解居民的出行问题很有帮助，但是南湖区域附近 6 条规划路搁置了十几年，对交通造成了很大的影响。

城市环境质量状况堪忧。一些城市已经出现了比较严重的环境问题，短期内恢复生态健康存在着一定困难，具体表现为空气质量明显下降、水体污染十分严重、噪声等城市问题，这需要长期的治理。

空气质量明显下降。城市居民生活及采暖炉灶主要使用煤炭，煤在燃烧过程中产生大量悬浮颗粒物、二氧化硫等大气污染物质，煤炭不完全燃烧还会产生一氧化碳、一氧化硫等有毒物质。城市交通运输大都还是以石油能源为主，发动机运转过程中产生的尾气也含有大量悬浮颗粒物、硫化物、氮氧化物等大气污染物质。北方城市氮氧化物平均值浓度为每立方米 49 微克，南方城市平均值为每立方米 41 微克，这对城市居民的身体健康造成了威胁。

水体污染十分严重。数据显示，我国城市供水平均 30% 源于地下水，北方城市供水高达 80% 源于地下水。但是近些年来城市地下水质开始变差，2015 年，全国大多数城市出现点状或面状污染现象，20 多个城市出现水质问题，局部城市更是出现了严重的地下水水质指数超标（刘佳骏等，2011）。

城市道路交通中，噪声在我国大、中城市都成为突出问题。以 2010 年为例，我国大、中城市道路交通噪声，等效声级范围在 56~80 分贝之间。19% 的城市污染较重，14% 的城市属于中度污染，13% 的城市属于轻度污染，14% 的城市属于环境质量较好。表 5.1 为北京市 2000 年至 2013 年声环境质量状况，可以看到，市区声贝常年较高。

表 5.1　2000 年至 2013 年北京市声环境质量

年份	区域环境噪声（分贝/A）			道路交通噪声（分贝/A）		
	全市	市区	远郊区	全市	市区	远郊区
2013	53.9	53.6	53	69.1	69.8	67.2
2012	54	53.6	53.1	69.2	69.7	67.7
2011	53.7	53.7	53.4	69.6	69.8	67.9
2010	54.1	54	53.5	70	70.2	68
2009	54.1	53.9	53.6	68.7	69.9	68.4
2008	53.6	53.4	53.7	68.6	69.8	68.9
2007	54	53.6	53.7	69.9	70.1	68.9

续表

年份	区域环境噪声（分贝/A）			道路交通噪声（分贝/A）		
	全市	市区	远郊区	全市	市区	远郊区
2006	53.9	53.7	53.9	69.7	69.9	69
2005	53.2	53.3	53.7	69.5	69.5	68.4
2004	53.8	53.7	54.4	69.6	69.6	69.4
2003	53.6	53.5	54	69.7	69.7	69
2002	53.5	53.5	54.3	69.5	69.5	69
2001	53.9	53.7	54.7	69.6	69.6	70.1
2000	53.9	53.6	55	71	71	69.5

（数据来源：北京市环境保护局）

五、我国智能城市生态环境安全发展基本思路

（一）智能城市生态环境安全发展的指导思想

（1）以绿色低碳、智能化、可持续发展为总目标，充分发挥市场在资源配置中的基础性作用；与此同时，加强政府宏观调控，采取有力措施促进高科技企业发展，推进市政管理与城市服务智能化，提高城市综合承载能力，提升城市居民幸福指数，促进智能城市生态环境安全发展。

（2）坚持以人为本、务实推进、因地制宜、优化结构、协调发展、开拓创新、可管可控、确保安全等基本原则，深入贯彻落实国家关于实现生态环境安全发展和建设生态文明的战略部署，加强顶层设计和统筹协调。

（3）规划先行，政府引导。智能城市要提高政府治理和管理水平，要实现资源配置效率的提高，实现低碳和绿色的发展目标。"以人为本"、"惠民"是智能城市建设的核心，要开展各项公共服务，来满足管辖区域所有居民最大限度的需求，这都离不开政府的引导和相关部门的规划。

（4）政府支持，企业主导。在智能城市建设这个庞大市场机遇面前，企业将努力发挥主动和积极的作用，同时不能忽视政府在智能城市顶层设计

和监管方面的作用，特别是政府不仅能够保证一切依法依规有序进行、统筹协调多方信息力量，还有助于自顶向下地打破行政体制的制约，打破信息孤岛，真正促进资源的高效充分利用。

（5）与智能城市发展相适应，构建友好开放的综合服务平台，充分发挥良性循环的生态环境在现代社会体系中的关键作用。发挥智能城市生态环境的科技创新和产业培育作用，鼓励商业模式创新，培育新的经济增长点。

（二）智能城市生态环境安全发展的基本原则

1. 以人为本，务实推进

以"以人为本"为最根本原则，以可持续发展为总目标，力争实现经济与生态协调、良性、循环、共同发展。智能城市以人为本主要体现在建设智能城市需要秉承便民、惠民原则，集中体现"人本位"理念，使公众分享智能城市建设成果，致力于实现城市居民生活更加便捷，城市智能家居、医疗、卫生等领域得到全面提升，城市资源、水、空气、城市污染物等得到智能检测和控制，能源利用现状与优化模式得到快捷展现，城市经济发展模式得到突出反映（王树义，2014）。

智能化应该在土地资源集约优化配置的前提下，更加注重"人的智能化"，发挥人的智能化建设活力，务实推进智能城市生态安全建设，借助高科技实现智能掌控城市发展趋势。以务实的态度切实做好智能城市的技术创新与技术运用工作，同时以务实的工作作风推进智能城市生态环境安全发展的建设。

2. 因地制宜，优化结构

智能城市生态环境安全发展需要遵循因地制宜的原则，按照不同城市的发展现状、资源禀赋、产业特色等特征进行科学规划。可以在综合条件比较相符的地区进行试点，如果效果良好再积极、有序、大力地推进智能城市生态环境建设。另外，智能城市生态环境安全发展也需要根据城市发展状况，积极鼓励新的生态建设运营模式的发展，建立长效机制和可持续的发展机制

（陈如明，2012）。

智能城市生态环境建设与城市经济发展密不可分，良好、绿色的经济发展模式将有助于城市生态环境发展。良好的城市生态环境安全建设与我国建设"美丽中国"的愿景是一致的，但是由于我国经济和社会发展模式较为粗放，给相应的城市建设带来了较大的压力，所以为了更好的城市发展，生态环境问题的解决迫在眉睫。为此，优化结构，促进经济、社会和生态规划的协同发展，实现三者可持续发展是必经之路。

3. 协调发展，开拓创新

结合智能城市建设的各个方面，如交通安全智能化、电网系统智能化、应急管理智能化等覆盖智能城市的所有系统，实施智能城市生态环境的有力措施。加强城市网络安全保障体系和管理制度的建立，促进智能城市医药卫生安全，推进智能城市电网建设，保证智能城市各个系统相互协调，共同发展。

同时，智能城市生态环境安全发展需要开拓创新。生态环境是经济和社会发展历程中不可避免的问题，随着经济和社会的发展，新的生态环境问题层出不穷，所以需要用发展的眼光审视和分析城市生态环境问题，并运用现代科技来解决问题。举例来说，浙江省利用"互联网＋"的发展模式进行信息化的战略创新，来提高城市的信息化水平，有助于实现智能城市的科学治理（郭曼，2014）。

4. 突出重点，确保安全

突出重点城市、重点技术难题、重点污染问题、重点限制条件，将重点城市的重点生态问题放在重要地位进行解决。同时，加强技术创新和互联网数据应用，提高城市生态环境智能化应用水平。

按照国家关于加强信息系统安全保护和保密工作的要求，建立日常运维规范体系，确保信息系统稳定可靠运行，确保信息安全。建立因地制宜的生态环境标准，推进各个智能城市的信息系统互联互通，以及信息数据资源的充分共享、交换与利用。

六、我国智能城市生态环境安全发展战略措施和政策建议

针对中国当前城市环境安全的发展现状、面临的挑战和问题，以及智能城市发展的趋势和机遇，建议从智能城市涉及的技术、与发达国家一些智能城市的差距，以及我国现行政策的完善等方面着手。智能城市生态环境安全发展，首先需要重点发展各种信息网络技术、物联网的技术开发及应用。其次，需要重点关注可再生能源利用状况、交通系统与道路规划、城市绿化效果、污水处理与再生利用、垃圾处理与资源化利用。

（一）大力发展智能城市生态环境新技术

一是建设关于智能城市生态环境的数据信息资源库。建设城市生态环境大数据信息资源库，需要将城市市政管理、城市生态系统数据、经济发展动态信息、城市设施感知信息等汇集起来，及时、准确地追踪所有的变化对相关管理者带来的挑战（卜子牛，2014）。

二是加大物联网技术建设。物联网技术具有两个方面的优势：一方面，提高智能城市生态系统在运行、管理方面的准确性和有效性；另一方面，给创新型应用系统和数据型服务系统提供相应的技术支撑。所以应该加大物联网技术的开发与应用，建设智能城市生态环境的服务交付平台。

三是完善宽带网络工程。尽量让每个人都可以通过光纤、无线宽带网络和移动通信网络等现代网络宽带的服务，方便、快捷地了解城市生态环境相关数据和信息。

四是建立可控的城市生态环境信息安全保障体系。完善通信信息安全监测系统，建设生态数据监测系统，建立生态环境应急机制。同时，加强云计算技术的实践应用，将高科技产品运用到智能城市的具体设置中，提高科技成果转化率。

（二）全力进行智能城市生态环境各方面建设

智能城市经济发展模式、能源利用模式方面。开发新能源、可再生能

源，通过发展绿色建筑来提高能源的使用效率；积极发展电动车及其相关产业，如电能储存等，实现交通节能（寇有观，2014）；使用清洁能源，如电力、风能和太阳能发电，如建设现代化功能完备的风力发电整体系统；充分发挥高新技术的作用来实现环保目的，通过建设电动车市场、电能存储、绿色建筑等方面，实现资源的节约与可持续。

智能城市空间规划方面。淡化城市功能分区，将城市用地以高密度的方式进行利用，相关城市可借鉴日本东京发展模式，将生活、居住、购物等区域综合起来，建设成零星分布的卫星小商业中心；完善城市道路网，秉承"人本位"的基本理念，建设交通道路；公交系统采用智能化管理方式，对车辆运行时间实时显示，并使用智能手机进行公交计费。

智能城市交通方面。宏观政策上，开发强度与公交服务能力匹配；微观设计上，在站点周边建设紧凑、适宜步行的混合利用社区。总体规划层面，使土地开发强度与周边公共交通服务强度挂钩，让公共交通系统来塑造城市形态：距离公交服务近的地区配备高强度和高混合度的开发，距离公交服务远的地区安排低的开发强度。以轨道站点为核心组织城市生活、构建公共空间，引导轨道站点地区成为为周边区域服务的设施配套中心和公共生活活动中心。其次，在站点周边塑造以人为本、步行、自行车优先的道路交通环境，保障支路网及人行通道的密度与连通性。再次，形成多种公共交通模式的高效衔接和换乘（张庆阳，2015）。

智能城市的环境治理方面。以节能减排为重点，加强入河排污口管理和城市水质监测，严格控制水域污水排放总量和污染物排放总量。围绕散煤、高排放机动车等重点防治领域，按照行业管理和属地监管相结合的原则，开展贯穿全年的"治散煤"、"净四气"（燃煤废气、VOCs废气、工业废气和机动车尾气）、"降三尘"（施工扬尘、道路遗撒致尘、焚烧致尘）三大执法行动，严厉打击非法生产、销售、使用劣质散煤的行为，取缔违法违规的煤炭企业和销售点。严厉打击污染物超标排放、无污染防治设施或设施不正常运行、不使用清洁能源等各类环境违法行为。

智能城市的居民生活方面。建设具有生态文化气息的小区或居民聚集区，完善医疗、卫生、电网、教育等相关的配套设施；宣传生态环境保护，提高居民生态意识；鼓励居民改变传统的消费模式，选择环保、可循环、资源可再生等各类产品，为城市居民创造良好的生活环境。

（三）鼓励智能城市生态环境全员参与

智能城市生态环境的安全发展并不是一蹴而就的，是一个系统而复杂的过程，信息技术和基础设施是智能城市生态环境安全发展的基石，但同时也离不开社会各主体的积极参与。

政府在智能城市生态环境建设过程中的核心地位，具有不可替代的优势。作为不可或缺的主体，政府需要承担构筑契合智能城市生态环境建设与发展的智能城市政策体系，营造建设与发展智能城市生态环境的良好氛围。

从政策上支持各行业开展保护环境的行动。鼓励具有环保、利用可循环、可再生能源的企业发展，给予税收优惠政策，鼓励各企业开展自主保护环境的活动；制定城市污染物处理规章、废弃物处理程序、垃圾回收流程，并坚决落地实施，对违反者进行处罚，使社会的生产和消费模式向绿色、环保、可持续的方向发展；制订水资源保护、林业建设、森林资源保护等环保计划，由政府实施，给予资金支持，用于绿化、湿地建设、水污染治理等；规定城市供水必须满足一定的饮用标准，采用新型的节水新技术，务必降低工业用水量，降低城市饮用水的消费量增长速度（陈向国，2014）。

从法律上保护生态文明建设的健康发展。制定一整套完备的自然资源管理法律框架，实行最严格的制度、最严密的法治，从法律方面进行严格的标准界定和违法制裁。将能源利用方式、环境治理模式、生态效益等指标纳入经济社会发展评价体系，对智能城市生态环境进行定期评估。建立长效的生态保护机制，从长远角度进行决策和立法。建立终身追责机制，对于违反法律、进行生态环境破坏的人予以坚决的处罚与制裁。

从环境监测方面进行监测与控制，并建立应急机制与长效机制。环境质量监测，是指为准确评价环境质量状况及其变化趋势，采用遥感、自动和手工等科学的检测方法，对各环境要素进行的检测活动（见图 5.5）。

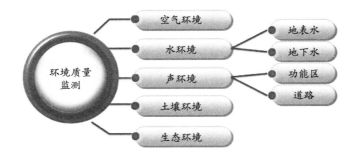

图 5.5　环保部门环境质量监测

环境应急监测，是指为摸清突发事件对周边环境造成污染损害的程度及为实施消除污染损害工作提供科学的依据，采用快速的检测方法，对事故影响区域进行检测的活动（见图 5.6）（乔亲旺等，2014）。

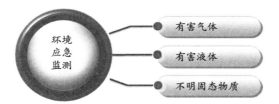

图 5.6　环保部门环境应急监测

研究性监测，是指为促进监测理论、监测标准规范、监测技术和监测仪器设备的发展，有效地提高监测工作的能力和效率而进行检测的活动（见图 5.7）。

图 5.7　研究性监测

企业作为智能城市生态环境创新主体，是积极推动智能城市生态环境产业发展和创新的根本主体。智能城市生态环境安全发展的过程，离不开企业在生产、经营活动中的社会责任感，以及与智能城市生态环境相关的技术研究、产品研发、投入生产。企业也可以集中特定行业的资源进行智能城市产业群建设，掌握自主知识产权，勇于制定智能产业的行业、国家乃至国际标准。努力培育具有核心竞争力的智能城市生态环境创新型企业，大力推动智能城市生态环境产业占据顶端优势，以及让企业在社会公益中发挥积极作用。

居民要秉承以人为本的理念，参与智能城市生态环境建设。智能城市生态环境的建设与发展和民生息息相关，智能城市生态环境的建设与发展离不开市民的积极参与。通过对智能城市生态环境的建设进行广泛舆论宣传，以此提升市民对智能城市生态环境建设愿景的认同，充分发挥"以人为本"在智能城市生态环境与发展中的核心元素作用。

第6章

i City

中国智能城市
食品药品医疗卫生
安全发展战略研究

一、智能城市食品药品、医疗卫生安全概论

（一）智能城市食品药品安全定义

智能城市是一个城市发展的愿景，整合多种信息和通信技术解决方案，使用一个安全的方式来管理一个城市的资产，包括但不限于地方部门信息系统、学校、图书馆、交通系统、医院、发电厂、供水网络、废物管理、执法和其他社区服务。建设智能城市的目标是提高生活质量，提高城市效率，满足居民生活需求。而食品药品、医疗卫生与人类生存息息相关，构成了智能城市构建的关键一环。

智能城市食品药品安全建设是指利用互联网、物联网、数据云平台等的感知和互动技术信息化系统平台，建设规范食品、药品、医疗卫生安全监管和信息的服务平台。监管者和智能城市居民可通过平台实现从原材料、生产、保管、运输、消费、后评价的信息化监管、安全溯源，进而实现过程全周期监控和管理，保障消费安全。从宏观上考虑，智能城市下的食品药品安全就是搭建配套信息系统。

1. 智能城市食品药品安全

城市居民生活所需药品、食品、保健品、化妆品和医疗器械（"四品一械"）的生产及经营存在"原材料来源复杂、产业链条长、生产到消费时间跨度大、渠道参与单位多、监管追溯困难"，还面临过程信息缺失、非法不当添加混乱、运输贮存环节不完善等诸多传导性的安全问题。

在食品安全监管体系中，西方体系成熟国家的经验是：政府和执法部门负主要的监管职责，生产和销售企业承担配套社会责任，消费者主动参与监管并推动相关立法，媒体发挥监督和舆论导向力量。现阶段国内面临更加严峻的食品安全问题，

其社会情况更具有复杂性，具体表现在目前中国社会处于转型阶段，信誉支撑体系缺失；各方监督力量薄弱，信息对消费者不透明；食品和药品的生产者来源复杂、分布广泛、难于监控，且部分生产者素质较低，存在监督盲区，可控监管难度极大。

常用的质量安全监控手段包括：法律法规的制定和宣传；城市居民参与的监管体系；食品药品诚信体系搭建；新闻媒体推动社会认知和关注；基于城市监管平台信息的风险评估、风险管理保障体系；公众食品药品安全知识丰富和科学意识提高（白湘霖，2010；常明，2014）。

基于智能城市的建设搭建食品安全社会共治公共平台及配套追溯和监督体系。主要措施为：搭建实时的食品药品安全信息沟通和发布平台，让公众及时获知安全信息并充分反馈意见；搭建城市居民意见热线平台，多方面的信息影响决策的正确性，进而提高决策的合理性、透明性；对食品药品进行认证审评、有效管理"黑名单"企业，引导消费者安全消费；建立完善的信息交流平台，提供科普知识，提高公众的食品药品安全防范意识与安全防疫能力；构建食品药品信息追溯平台和数据云共享平台，进行问题追责管理，如果出现安全隐患或安全问题，可及时向消费者、生产者、监管部门提供及时全面的信息，快速启动后续安全措施；搭建技术创新平台，将创新食品药品安全技术引入生产企业、流通企业的管控体系，推动食药产业健康发展（罗兰等，2013）。

2. 智能城市医疗卫生安全

智能医疗卫生理念聚焦在"服务患者为中心"、"服务提升为根本"和"技术革新为支撑"的新型医疗卫生理念。通过将互联网技术、大数据运算、云平台共享等技术引入智能医疗领域，实现智能化、互动化、透明化的医疗互动，实现人员流、数据流、设备之间的有效联通，构建基于全生命周期智能化医疗卫生健康体系。

智能医疗卫生通过建设依赖于城市居民健康档案的区域医疗信息平台，依赖现代科学技术，如物联网技术、遥感技术等，利用区域内的医疗卫生资源，建立覆盖城市的智能医疗系统；依托智能化、数字化网络技术，形成云平台支撑的医疗卫生监管、协调、优化系统。搭建城市居民医疗信息数字化平台，整合跨区域、跨行业、跨业务的资源，共享医疗卫生方面取得的成绩，提高医疗卫生机构运作效率（李伟等，2015）。

依托数字化网络平台、云端计算平台和患者端 App 平台等新一代信息技术，建设智能医疗卫生信息平台和智能医疗卫生业务系统，形成智能医疗卫生云计算产业基地。协同推进居民电子医疗档案建设，智能医疗卫生硬件支撑平台、标准规范、智力支撑体系和系统安全保障等基础建设，使用电子化病历和档案系统替换现有纸质病历，实现患者信息的互联互通和快速调取。同时构建居民服务"一卡通"服务数据库系统，实现区域医疗的协同管理。通过家庭个人生理数据传感终端平台的搭建和社区医疗服务机构辅助网络，实现远程医疗与应急救助。升级智能城市医疗卫生基础设施硬件和软件系统，重点升级医疗卫生网络化平台。形成智能化、数字化、互动化，集信息收集、发布、跟踪为一体的，高效、智能、便捷、快速的市级、区级智能医疗卫生信息平台信息联通与共享服务架构（汤嘉琛，2013）。

（二）智能城市食品药品安全信息系统

1. 智能城市食品药品信息系统

覆盖食品、药品等"四品一械"的原料来源、生产加工、运输储存、销售使用的全周期、全过程、全方位、全封闭的信息联网系统。实现食品、药品生产到使用的全程编码跟踪，形成一个以信息管理为监控手段的质量、信用信息平台，做到源头可溯、事故通报、范围可控的管控目标。智能城市居民能够通过监控系统追溯到从设计生产到消费使用全程环节的详细信息。一旦出现需要监控的安全问题，能通过系统快速识别涉及安全问题的环节和企业，使得产业链公开透明，有效监督企业提升质量，有效保障居民食品药品使用安全。

"智能城市"下，在食品药品安全方面需要建立起覆盖产业链从生产、运输、储存、销售、使用等全过程的信息监控网络。实现原材料到使用的过程唯一编码，形成基于编码溯源为质量安全管控手段的信用平台。可以实现消费者随时追溯食品药品的生产、储存、销售等环节的关键信息。当安全问题出现后，可实现生产企业的快速追溯和识别，使得加工渠道、流转渠道公开透明，有效监督企业提升产品质量和安全性（袁清昌等，2013）。

主要涉及技术手段包括：通过"智能监管平台"，建立食品药品安全信息数据库，给每件产品配备唯一"电子身份证"，实现敏感信息的记录，可以扩展到后评价等环节信息（见图 6.1、图 6.2）。农产品和畜牧产品可以实现从农田到餐桌的全程追溯；药品和医疗器材可以实现从原材料到治疗效果的全程追溯。实现从源头上保护消费者的权益；同时也可反向保护生产厂家的合法利益。

2. 智能城市医疗卫生系统

系统由三部分组成，分别为智能医院系统、区域医疗卫生系统、家庭健康系统。智能医院系统，通过数据网和云平台，实现患者信息的记录、存储、提取及数据交换；区域医疗卫生系统，实现对病人信息的记录、存储、处理、传输（社区、医院、科研机构、卫生监管部门）等功能的区域卫生信息平台，制定以个人为单元的基础健康因素干预计划；家庭健康系统（含养老健康系统），是市民的健康最贴近也是最重要的保障线，主要作为医院医疗系统的补充和强化，应用于家庭或社区诊疗患者、慢性病患者和老幼患者的在线诊疗和健康监测。基于智能城市的功能定位，"智能医疗"是"智能城市"重要支柱，并得到政府、行业以及来自科学界的高度重视。智能医疗能够凭借网络和智能城市数字信息基础设施提供"健康感知服务"；智能城市医疗数字硬件平台可用于提供个性化的医疗服务；同时依托信息系统软硬件平台的"医疗健康数据收集"和"病人—医院—政府互动"是智能医疗发展的要求（郭巍等，2016）。

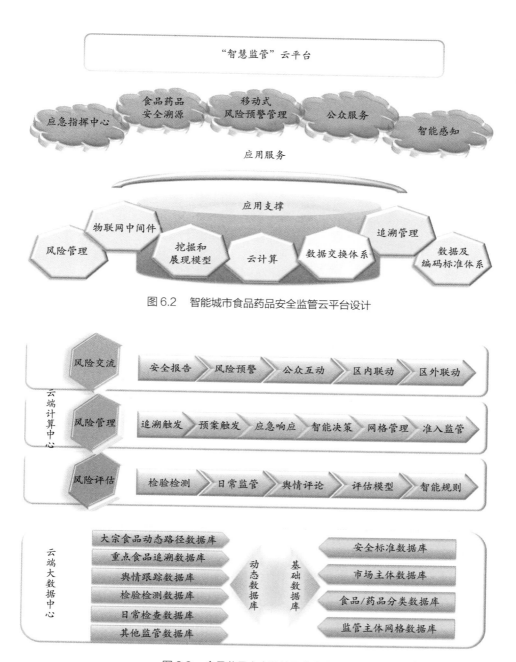

图6.2 智能城市食品药品安全监管云平台设计

图6.2 食品药品安全监管云中心功能

智能医疗在技术层面的概念框架（见图 6.3）组成包括保障体系、数据库平台、数字化支撑和交换平台、基础环境和服务应用平台五个方面。

图 6.3　智能医疗方案架构图

（1）保障体系

包括安全保障体系、信息监控体系、标准规范体系和管理跟踪体系等多个方面。从技术可靠性、信息保密、运行稳定性和管理规范性四个方面构建安全支撑平台，实现对数据平台和信息处理平台通畅性、实用性、安全性、保密性、可追溯性、可审计性和可监控性的保护。主要包括：电子健康档案、公众服务、医疗协同、卫生管理／科研、疾病控制、药品管理等措施和平台。

（2）数据库平台

包括药品器械参数数据库、患者病历数据库、影像归档和通信系统数据库、化验数据库、医护人员数据库、医疗设备数据库。

（3）软件基础平台及数据交换平台：提供三个层面的服务

首先是硬件物理基础架构建设，提供数字化服务器、存储服务器及网络资源等云平台功能；其次是平台服务，提供优化的网络，包括界面应用服务器、储存数据库服务器、监控服务器等互动平台功能；最后是软件服务，包括应用、流程、信息、安全、App 等服务。

（4）基础环境

需要政府层面通过建设公共卫生专网，实现与政府信息网对接；搭建卫生数据网络平台，实现医疗卫生数据和智能医疗应用功能的正常运行。

（5）服务应用平吧

包括家庭健康系统、区域卫生平台和智能医院系统三个层级的医疗健康综合应用平台。

二、我国智能城市食品药品安全发展状况

（一）我国智能城市食品药品安全发展现状

1. 我国城市食品药品智能化建设情况

在"十二五"期间，我国智能城市建设在食品药品、医疗卫生安全和智能化方面开展了一系列工作，搭建了相关信息网络和硬件平台。

（1）食品药品安全建设

逐步搭建食品药品安全监管平台和信息反馈平台。以添加剂、乳制品、疫苗等为突破方向，深化农业、畜牧业、养殖业、食品药品、工商税务、安全质监、卫生检疫等部门信息系统建设，通过技术手段系统性提升产业安全监管水平；整合关联政府各部门涉及食品药品监管、追溯、检验平台，实现监管信息高效互通和实时公布，实现监管、决策数据化、准确化、实时化、可溯化；并利用互联网络平台等多种发布形式和信息终端，实现统一、官方、实时信息发布，实现食品药品信息充分共享。

追溯系统数字化平台搭建。此平台可实现对原料、设备、生产、运输、储存、销售、消费后评价全流程监控，并通过透明化公布和消费者监督方式，提高消费者和患者对食品药品的安全放心程度。针对我国智能城市建设情况，现阶段主要关注生产和流通两个领域信息的监管和溯源系统建设。通过建立全国性的产品数据库，实现对消费者关心的产品全生命周期环节要素的有效追溯，有效推动问题食品及时召回、隐患药品风险及时预警、食品药品事故的分析等功能。实现"从原料到成品"、"从农田到餐桌"的全程追溯

模式。事故发生时，通过快速溯源进行有效监管和召回，避免事故扩大，保障消费者的合法权益（王龙兴，2011；冯鑫等，2013）。

浙江嘉兴开发区使用智能食品药品移动监管平台，系统覆盖范围包括30多个社区和5000多家食品药品生产、流通、销售和餐饮单位。该系统的高效数字化平台和云端处理将为安全监管的"大数据"分析奠定基础。"大数据"应用和趋势模型反洗，可以为食品药品安全事故预测和预防，以及监管工作的重点聚焦提供依据。

（2）医疗卫生安全建设

构建围绕电子健康档案的居民医疗卫生平台。为保证信息的安全和准确性，以政府网络为依托平台，建设覆盖全国各地区、各级别的公立医疗和公共卫生机构信息网络系统；参考国家卫生部健康档案构建原则要求，规范基本数据框架和数据标准，通过全国各级机构的数据共享和调用，遵循自动建档和实时更新原则，实现包括个人基本信息和主要医疗诊断记录的数字化健康档案的建立；智能化医疗实现辅助决策服务，个人定制化 App 平台可实现重复用药和检验现象减少，实现用药智能提醒，医疗咨询服务等功能，提升诊疗效率和服务质量，为未来制定医疗方案提供技术支持；建设政府网站医疗卫生专栏，发布医疗卫生信息和健康知识宣教，搭建连通健康专家和患者的健康咨询平台；通过健康平台实现患者档案和检验报告网上查询，实现医生情况网上查询和预约功能。

北京、上海等城市加快推进"智能医疗"建设，包括市民卡（关联健康医疗卡）、诊疗档案等整合应用和基于云平台数据的同城档案调取和转诊、特殊病人的远程医疗、传染性疾控预警信息平台建设。依托数字化网络平台技术，实现服务患者能力的提高，实现"放心医疗、便捷医疗"的目标，建立全市居民电子健康档案、市政医疗公众服务和医疗协同中心；依托政府医疗卫生管理机构建设医疗卫生电子平台、药品和医疗器械监管平台，实现医疗卫生安全数据公开透明（智勇等，2015）。

2. 国内智能城市食品药品安全政策

"十二五"期间，国家将建设食品药品安全保障体系提上了关键问题议程，利用信息化技术平台下的网络化监管、数字化追溯等高效监管方式，建设了关系国计民生的食品药品流通追溯系统，通过信息平台搭建和创新，数字追踪技术和硬件设备功能完善，物流管控现代化升级，生产的标准化、规范化，从而解决目前日益突出的食品药品安全问题，保障人民生活的和谐稳定（张玉录，2015）。

食品药品安全措施的政策包括：

国务院办公厅印发的《2015 年食品安全重点工作安排的通知》中提到加快国家食品安全信息平台建设。加快食品安全监管信息化工程、食品安全风险评估预警系统、重要食品安全追溯系统、农产品质量安全追溯管理信息平台等项目实施进度，推进进出口食品安全风险预警信息平台建设，加快建设"农田到餐桌"全程可追溯体系。同时，建立企业质量档案制，对食品生产、经营企业加大安全监管力度，实现数字监控和实时追溯。

《国家食品安全监管体系"十二五"规划》强调食品质量的溯源管控体系搭建。建立基于数字平台和云平台的食品安全全周期管控技术和体系，实现对各类食品的数字化信息管理，规范追溯编码标准，保证追溯链条的准确性和灵活性。在药品和医疗器械方面要建立覆盖原料、生产、运输和使用全过程的安全监管体系，实现来源可追溯，生产可记录，流向可跟踪，责任可追究。

《关于印发医药卫生体制五项重点改革 2010 年度主要工作安排的通知》明确要求对基本药物进行全品种电子监管。《2011-2015 年药品电子监管工作规划》提出"十二五"期间实现所有销售药品的电子监管。通过销售药品唯一对应的"电子身份证"，实现全周期管控和追溯。

医疗卫生安全措施的政策包括：

2009 年 4 月，《中共中央、国务院关于深化医药卫生体制改革的意见》正式印发。意见明确加快推进医药卫生信息化进程、建立实用共享的医药卫生信息数字化平台，推动医疗服务和保证、公共卫生安全和药品安全发展，以实现覆盖城乡居民的基本医疗卫生保健制度的一项重要保障和技术支撑手段。

《国务院关于促进信息消费扩大内需的若干意见》（2013），提出智能化医疗卫生体系构建，实施手段包括：完善医疗信息系统，搭建居民健康卡平台、推广电子健康档案和电子病历，提供医疗管理、卫生决策、医疗保障等服务要求。

《全国医疗卫生服务体系规划纲要（2015-2020年）》提出，"健康中国云服务计划"将整合移动数据网络、云网络、可穿戴设备等新技术，通过健康大数据平台，实现智能医疗模式广泛应用，提高医疗卫生体系服务能力和管理水平。

（二）我国城市食品药品安全存在的问题

在食品药品安全方面，三聚氰胺奶粉事件、苏丹红事件、上海福喜事件、山东疫苗案、北医三院全氟丙烷气体事件等，印证了"舌尖上"、"病床上"的安全是重大基本民生问题。近年来发生的食品药品安全事件存在规模化、区域跨度大、时间跨度长的特点，间接证明了国内目前的追溯系统仍存在缺陷，安全事故发生后，很难立刻从源头管控，并实时全流程、全批次迅速召回。

尽管国家在食品药品安全方面开展了多维度的优化升级，但总体上看，依然存在以下问题：信息化建设的统筹规划力度不够，欠缺科学、前瞻而务实的顶层设计，信息资源整合利用能力有待加强。目前改进侧重于日常工作的纸质流程升级为电子化办公（目标为提高工作效率），而没有充分发挥通过信息化创新监管的作用，达不到提高监管效能的目的。食品药品监管信息化相关标准和规范的制定及应用相对滞后，跨地区、跨部门、跨系统的信息封闭情况严重，信息不能互联互通、共享程度低等问题突出。

现阶段，除信息化问题外，智能城市食品药品安全现状和面临的问题主要包括：

从政府监管层面来看，在战略规划上问题突出，基层执法环节执行性差；

从监管能力看，国内存在基础薄弱，设施、执法装备水平、技术检验能力及人员编制水平低的问题；

从生产源头来看，在监管不充分的情况下，市场过度竞争会带来低质产品驱逐优质产品的效果；

从消费者和社会监督的层面来看，没有有效的辨别工具和方法，最有效的一道防线缺失；此外，造假、防伪的手段越来越高明。

现阶段国内公共医疗体系在管理层面有待提高，主要问题聚焦在医疗成本高、高质量医护资源缺乏、优质资源集中于大城市等方面。在就医层面表现为"诊疗效率低、服务态度差、消费压力大"的现状，近期曝光的"魏则西事件"及其背后的"莆田系"医院，就医安全感、满意感降低。医疗资源集中，大医院一号难求，社区医院就医寥寥；同时存在诊疗信息无法互通，医疗资源两极化。从宏观的顶层设计和专项技术条件进行深入剖析，可以发现"智能化"不足是产生以上问题的症结。

优质的医疗资源面对庞大基数的患者需求，属于稀缺资源。从市场供求关系上分析，患者就医，尤其是高质量诊疗必然会有一定难度；同时国内医疗卫生体系长期存在"资源集中在大城市；优质资源集中在大型医院"的弊端，患者只信赖知名医院和专家，同时大医院手续烦琐、知名医生工作强度大。医疗信息不畅和资源两极化恶性循环，严重影响患者高效就医。所以，智能城市规划下需要建立一套智能的医疗卫生信息数字化平台体系，使患者在较少的时间和费用成本下，实现安全、高效、优质的医疗服务，从根本上解决"看病难、看病贵"等问题。

现阶段智能城市医疗卫生安全现状和面临的问题主要包括：

运营。部分医院或区域医院组已经实现智能化医疗系统运行，可实现患者就医的数字化诊疗和数字化归档，同时在关联医疗组内实现信息共享；但患者不在特定医疗组内就医时，诊疗数据和档案信息无法共享。

应用。转诊过程中的患者信息共享和互认局限性，无法实现医疗信息在广泛区域内的传输和共享，国内目前缺乏统一规划、无牵头实施单位；信息孤岛现象严重，尚无法实现互联互通、信息共享。

业务。信息化建设缺乏规划和管理，同时基础总量偏小，质量不高，呈现出区域医疗信息化建设不均衡，数据平台资源共享程度不够。跨地区、跨系统、跨部门间的医疗卫生缺乏高效、快捷、安全的共享机制。

技术。缺乏标准化的规范体系，包括定义，数据标准，传输标准，记录标准，归档调取标准，数据编码标准，数据格式标准，数据平台标准。缺乏标准一致性，在数据共享、数据安全和信息管理方面就会存在问题；同时，在病人信息保密方面需要更深入的技术研发。

三、国外智能城市食品药品安全发展先进经验

构建安全和富有效率的食品药品安全体制是一个世界性的难题，纵观各国智能城市发展之路可以看出，尽管顶层设计和方法有所不同，但在通过信息化手段全面构建并应用数字管控系统是一致的。

具体技术手段为：互联网、物联网、云计算、大数据分析。

执行层面措施包括：应用先进的信息采集记录和跟踪技术，通过数据联通实现各主管和交互人员的数据共享，对存在的需求和安全隐患做出快速、准确、可追溯的判断。

（一）国外智能城市食品药品安全建设思路

1. 以城市居民食品药品安全为导向的城市设计与服务提供

基于互联网和数字化技术的新一代智能城市医疗卫生食品安全建设，协同需求创新、开放创新、全民参与为特点的食品医疗安全建设模式。实现以居民生活安全为中心的服务思维取代以政府专业分治为出发点的管制逻辑。相应地，城市规划也应由传统的城市规划决策者拍板向公众参与面向运行的规划方式转变，实现城市规划、建设、运行的有效衔接。让城市的用户／市民，成为城市服务的中心和参与设计的主角。食品药品的直接使用者——城市居民直接参与食品药品及医疗器材流转过程监管；同时，也对医院和医疗机构的建设提出建议，新的智能医院系统需满足患者更优化的服务感受。

2. 培育产业生态，注重协同创新

医疗药品和各类食物供给产业是智能城市建设的关键一环。配套产业链

的发展是推动城市发展的主要动力，良好的产业生态是实现智能城市活力的重要来源。要充分借助市场力量，通过互联网参与方式，并充分推动居民医疗卫生信息数值化记录平台搭建，实现相关健康信息采集设备生产商与居民需求的协同发展。智能城市建设要抓住移动通信技术、云端采集和记录平台、互联医疗系统、物联网无线射频识别技术（RFID）等新技术的机遇，在构建智能城市的智能基础设施的同时，带动配套产业的发展，培育产业生态，推动产业更新与升级，实现创新驱动和智能城市食品药品安全的协同发展。

3．强化数据意识，推动数据资源整合共享

强化数据化平台利用，推动数据云资源的整合，同时在保障数据安全的前提下推动数据开放和共享，提高数据利用效率。居民可通过条码射频识别、数字化网络技术、移动 App 平台等，实现对日常生活中食品药品情况的追溯，保证消费安全性；在医疗卫生服务方面，可实现医护人员、诊疗信息、辅助诊疗、治疗反馈等良性互动和闭环监控，保证治疗效果和服务质量，同时推动服务模式创新。

4．提升智能城市配套基础设施

通过与欧盟、日本等发达国家对比智能城市硬件平台建设水平，可以发现中国与其基础设施之间的差距，同时国外更注重利用现有基础设施来提升城市的智能服务。国内要抓住新一代信息技术发展的机遇，实现食品药品安全监控系统基础设施的提升，实现城市居民在食品药品信息和医疗卫生服务方面都能随时接受"在线"服务；同时，通过云计算，实现个人医疗信息在各级医疗平台上的共享，提高医疗服务质量和效率。

（二）国外智能化食品药品安全建设案例分析

国外智能城市在医疗卫生安全方面制定了积极的智能管控规划，同时开展了广泛的软件和硬件平台搭建工作。

1．医疗卫生案例分析

2005 年，纽约市医疗卫生系统开始使用电子健康记录系统，几年后美国政府与纽约市相关部门共同推进该系统的完善和升级。目前，纽约市各大医院和社区医疗保健机构普遍采用全套电子病历系统，该系统极大地方便了医生对病人病历的调档会诊，提高医疗措施的准确性。通过建立网上医疗信息交换系统，促进系统之间医疗信息交换和信息共享，开发移动医疗应用程序，为居民提供随时随地的医疗健康服务。同时，随着信息技术在医疗领域的深入应用，电子医疗已经成为纽约吸引人才和创造就业关键的三大领域之一。

在东京医疗卫生系统，电子病历系统已普及使用，其记录了患者各种临床信息，大大提升医生诊疗效率。医院采用掌上电脑等移动终端，实现医护诊疗的高效记录和移动办公。对于在家治疗的患者，依托专门 App 平台和数字化网络，可实现患者信息对医院的同步化，以专业医疗系统提供更快速、便捷的远程医疗服务。

新加坡建立综合医疗信息平台，该平台是基于互联网信息技术建设的新型医疗行业综合信息服务系统。通过整合医疗信息资源，利用传感器、电子记录等多种智能化医疗手段，提升医疗信息共享水平和就医效率。开发建成 Carestream 医疗影像信息管理系统，该系统有助于及时、快速访问居民电子健康医疗档案和影像数据，为区域的医院、专科中心和诊所搭建统一、共享的居民健康电子档案和患者影像数据中心，以及更好地访问 SingHealth 和 EHAlliance 旗下医院、专科中心和诊所的信息。

国外在智能医疗卫生框架搭建中，以"数字化"和"云平台"作为重点发展策略。通过数字化实现患者信息的档案化、系统化，并为相关信息的交换和共享提供技术基础；云平台则能实现患者信息的快速调取和实时共享，可实现跨医院、跨区域的无缝链接。

2. 食品药品案例分析

欧盟自 2008 年开始实行发药前监管码信息验证，以实现对药品的安全监管及药品流行的有效追溯。随后，其药品高效的运作模式得到了世界范围内的认可。2009 年 11 月，欧盟理事会开始用"配药点验证"模式，通过平衡欧洲制药工业协会联合会、欧洲药房联盟和欧洲药品批发企业联盟、欧洲仿制药商联盟等四方面利益，实现对药品的有效监管和流向追溯。

美国政府在 2011 年签署了《食品安全现代化法案》（FSMA），此项法案将食品的有效召回作为食品安全监控的重要指标。此项法案的大致要求是：相关部门在确认某些食品具有安全隐患后，食品药品监督局需要对相关生产商进行食品药品及时召回。相关生产商需要配合食品药品监督局的召回工作，如不配合，相关部门可强制执行，同时将对不及时召回问题食品药品的企业处以不同程度的罚款。同时，《食品安全现代化法案》也会保障食品药品企业的权利，食品药品追溯机制要求公开、透明，保证企业在食品追溯过程中充分了解相关部门的办案流程；同时，与企业利益密切相关的财务数据、产品信息等受《食品安全现代化法案》保护。

2013 年，美国食品与药物管理局（FDA）提出了两条新规定，要求食品相关进口企业需要加强对食品进口方面的管理，以方便对进口食品进行有效的安全监管。此外，美国政府还使用高科技技术进行食品方面的监测，如 RFID 无线射频识别技术（Radio Frequency Identification），此项技术可实现数据的自动化、智能化收集，在食品药品检测领域运用广泛。例如，进口食品在装进集装箱的时候，其带有特定标识的标签就可以被自动读取、记录；此外，还可以对携带 GPS 等具有定位功能的电子标签的食品集装箱，进行智能定位、追踪。同时，温度传感器技术也可以适用到食品安全中，自带电源的温度传感器可以确保货物在特定场所具备合适的温度，以保持食品质量。国外在食品药品安全方面以建立可追溯系统为技术依托，同时配套专项政策和法规，实现产品质量安全保证。

（三）专　栏

专栏一　IBM 智慧城市

　　IBM 智慧的食品安全解决方案认为城市应该按照"因地制宜、统筹规划、合理划网、网内履职、层层落责"的工作方针，坚持"谁监管，谁负责"的原则，将食品安全监管所涉及农产品种植、畜禽产品和水产品生产、林果产品种植、食品生产加工、食品流通、餐饮服务、畜禽屠宰和酒类流通等环节划分为多个网格。首先，搭建追溯系统数字化平台。通过建立全国性的产品数据库，实现对消费者关心的产品全生命周期环节要素的有效追溯。通过整合医疗信息资源，利用传感器、电子记录等多种智能化医疗手段，提升医疗信息共享水平和就医效率。其次，建立食品药品监管工作的网格化管理平台。解决各个部门信息工作推诿难题，解决食品安全信息追踪和预警作用。

医院系统集成与信息整合方案中，IBM 医院集成平台解决方案为客户提供 ITSP 医院信息化战略咨询规划，对医院信息化进行顶层设计，设计并实施医院集成服务平台、临床数据中心和运营管理数据中心。建设实施医院综合运营管理分析应用平台（BI）和临床科研分析应用平台。该解决方案为医院搭建信息共享的医院整合架构平台，更好地支持医院业务的未来扩展，为医院与区域医疗、其他医院进行业务联系和协作，提供了具有开放性、扩展能力强的协作平台。实现应用系统集成，优化患者服务流程及临床业务流程，提升医院运行效率；实现数据集成，形成以病人为中心的临床数据库，为患者、医师提供患者统一视图，满足患者和医师对患者信息的查询要求，增加信息使用的方便性，提升用户体验；通过建立医院的数据仓库模型，对医院的运行情况进行深入分析和洞察，针对患者、医保、成本、疾病谱、效率等开展回顾性分析、趋势性分析和预测性分析，为管理者提供决策依据；通过建立临床知识库，将临床诊疗规范、临床指南等知识进行数字化，结合临床路径的实施，提供便捷的方式供医师进行知识的利用，提升临床决策水平，从而降低差错率，提升患者安全。

RHIN 区域卫生信息平台方案中，IBM 区域卫生信息平台解决方案遵循行业标准的框架设计，基于 IBM 成熟的企业服务总线和标准的健康信息交换总线，支持区域内各种应用的集成和信息交换，具有强大的开放性，有效支撑区域卫生信息平台的长远发展。先进的遵循行业标准的 EHR 存储模型和访问模型，确保有效整合区域内卫生资源，并使其成为"活档"，有效服务于医疗卫生服务和决策管理。基于成熟的、有广泛用户案例的居民健康主索引产品，实现以居民为中心的信息互联和高效统一，支持以居民为中心的卫生服务和管理。基于世界领先的产品和技术，整合卫生管理资源、构建卫生管理资源数据仓库和分析模型，发挥卫生信息资源的价值，提高卫生管理水平。一站式服务保障区域卫生信息化这一复杂工程的成功建设和发挥作用，包括：咨询设计、服务器／存储／网络、系统软件、应用集成、数据中心转型、云计算技术、标准化和安全等。

专栏二　"Smart Cities"计划

IBI 积极推进"Smart Cities"计划，其中 Smart Healthcare 专题，提出数字健康记录方案，让居民访问实时的医疗信息，以便他们可以实时监控健康情况，这促进了积极预防为导向的生活方式。IBI 致力于在所有的医疗卫生工作中实现技术的创新，开展了创新的病人监控系统、卫生服务计划系统、工作流程一体化项目，这些技术的开发能够有效提高城市医疗系统的效率和安全性。

（http://www.ibigroup.com/new-smart-cities-landing-page/healthcare-smart-cities/）

其中包括：

医师办公室系统程序升级计划（PHYSICIAN OFFICE SYSTEM PROGRAM）

乔克希尔管理单元计划（CHALK HILL CMHSUNIT）

格拉斯哥新医院（NEW SOUTH GLASGOW HOSPITAL）

女子大学医院再发展计划（WOMENS COLLEGE HOSPITAL REDEVEL OPMENT）

> 麦克吉尔大学健康中心（GLENCAMPUS, MCGILL UNIVERSITY HEALTH CENTRE）
>
> 医师办公室系统程序升级计划（POSP）帮助 Alberta 医院医生在全省范围内实现电子健康管控，实现改善病人护理、提供最佳服务。该项目涉及电子病历部署计划，通过应用服务提供商（ASP）覆盖 1500 家诊所（约 4800 名医生）；此外，还涉及其他医疗保健和医疗记录系统，满足先进的数字化需要。转诊及相关咨询可通过电子方式进行，提高转诊咨询过程中患者信息交互的能力。

四、我国智能城市食品药品安全发展形势分析

（一）智能城市食品药品安全建设的必要性和紧迫性

使用百度搜索"食品安全"词条，出现相关结果 99400000 个；使用百度搜索"药品安全"词条，出现相关结果 20200000 个；使用百度搜索"医疗卫生安全"词条，出现相关结果 20300000 个，搜索结果从一个侧面反映出日常生活中人们对食品药品安全的关注和不安。"僵尸肉"流入餐桌事件反映出消费者对食品安全的深深顾虑。2015 年 6 月，多地流出"僵尸肉"，即 20 世纪就被冷冻起来的冷冻肉，相关部门对其进行严厉打击、整治，在全国 11 个省份内，查获了 42 万吨的"僵尸肉"，价值 30 多亿元。侦查人员提供的资料表明，部分肉制品是在 20 世纪的 70 年代就被冷冻起来的，我们正在享受的"美食"可能比我们的年龄还要大。"魏则西事件"再一次引发了人们对医疗卫生安全的关注。现代社会出现的假冒医院层出不穷，严重地威胁着人民群众的生命健康安全，同时也削弱了人民群众对现代医疗宣传的信任。2015 年 6 月，有 26 名患者在南通大学附属医院因为使用问题眼用全氟丙烷气体导致部分患者单眼致盲，几乎同期还有 59 名患者在北京大学第三医院使用了同批次的问题全氟丙烷气体，目前已联系上的 19 名患者中，除一人视力仅为 0.01 外，18 人已经单眼致盲，其中最小的 1995 年出生的患者仅仅 20 岁。

面对以上医疗卫生问题，需要解决的问题为诊疗医生的身份，其诊疗判断的依据和可靠性？问题医药产品流入了哪些省市、哪些医院，是否还有其他的受害患者未被发现？

智能城市下食品药品安全面临着食品药品供应链安全、消费成本快速增加、食品药品医疗资源良莠不齐、食品药品医疗安全隐患大、医疗费用过高、医疗机构臃肿效率低下等问题；在食品药品医疗资源的信息化建设方面，存在着信息资源整合不全、流通不畅、标准不一等问题。所以，开展智能城市食品药品安全建设具有必要性和紧迫性。

（二）智能城市食品药品安全建设的可行性

国内智能城市建设已有丰富的信息化实践基础，借助云计算平台，依托全面覆盖的感知单元（执法平台、监管平台、追溯平台、信息储存平台等），整顿和规范市场秩序，实现高效利用软硬件资源解决食品药品监管区域大、监管内容复杂、监管任务繁重的问题；解决患者检测数据多元，诊疗过程准确记录的问题。提高监管和协调工作的覆盖面、实时性、精确性、全面性，完善地建立数据的高效性、可用性、关联性。运用大数据时代下的前沿理念进行数据中心建设，以满足感知设备和整体业务应用带来的海量级别数据存储和处理需要，运用在记录、储存和分析数据工具以及不断成长的技术条件，分析所需的包括非关系型数据在内的相关数据（袁清昌，2013；孙羚宇等，2014；薛青，2010）。

几项关键的智能信息技术如物联网、云计算和大数据技术的应用，推进了智能城市食品药品安全的发展：

物联网是在互联网、传统电信网等的基础上延伸出来的，指的是用户端和任何物品端连接起来，形成物物相联的互联网，这种技术能够对既定物品进行有效识别、精准定位、实时监控、智能管理。物联网涉及技术有传感器技术、信息图像识别技术、电子标签感知技术等。建立"四品一械"企业日常经营台账，包括药品 GSP 进销存台账、食品生产、流通台账、餐饮单位原材料、消毒、废弃物、菜品留样、菜单上报等台账，实现台账电子化和数据追溯。通过专用采集软件，实现对药品、食品、化妆品、保健品、医疗器械生产、经营企业的进销存数据的自动采集上报、查询、展示。

云计算是依赖互联网技术的发展，利用其服务的增加、使用和交付模式，可利用互联网来实现动态的、即时的、虚拟化的资源。主要的运行模式是云计算平台，基于云计算平台，城市居民通过扫描二维码，直接打开 web 页面，从食品药品安全监管应急指挥平台获取企业基本信息、诚信等级、台账、厨房视频等数据并展示；通过登录公众 App，可以查询就餐企业的食品安全信息，包括当日菜品、原材料来源以及加工制作流程等；通过登录 App 可以查询药品、食品、化妆品、保健品等相关信息。

大数据技术是对大量数据进行统计、管理、利用、挖掘、分析的技术。数据资源池包含公共设施数据库、基础空间数据库、经济运行数据库、个人信息数据库和元数据库等，还具有一些特定行业的数据资源池，如交通数据库、医疗数据库、生态环境数据库等。大数据技术可实现对包括药品、食品、保健品、化妆品、医疗器械生产及经营企业、餐饮企业和医疗机构在内的档案管理、地理位置管理以及执法记录查看等；实现对政府和企业相关从业人员、认证检查员、外埠人员、基层监督员、厨师等人员进行注册、发证、跟踪管理。

五、我国智能城市食品药品安全发展基本思路

（一）食品药品安全发展思路

1. 顶层设计

（1）统筹规划、分步实施

食品药品监管信息化建设和日常运营、管理与决策的系统必须坚持统筹规划，统一部署，按照轻重缓急，分解阶段实现信息化目标，以高起点、高水平统筹规划食品药品监管的信息化建设，在充分利用现有资源的基础上，扎实有效地分步开展食品药品监管及所属部门信息系统的建设和推广应用工作。各地市分别部署实施，可基于"智能食药监"工程进行业务个性化扩展，

自建区域特色管控系统。

（2）规范标准、资源共享

遵循国家相应标准和规范，在实践中不断完善和补充相应的信息化规范与标准，建立统一的食品药品监管信息化标准规范体系，推进信息系统的互联互通和食品药品安全信息数据资源的充分共享、交换与利用。

（3）突出重点、确保安全

建立健全覆盖"四品一械"的监督管理全环节，突出重点监管品种、重点任务，加强过程监管和数据应用，提高信息化应用水平。按照国家关于加强信息系统安全保护和保密工作的要求，建立日常运维规范体系，确保信息系统稳定可靠运行，确保信息安全。

（4）需求主导、深化应用

坚持以人为本，以公众服务为导向，以应用促发展，以实用为准绳，以食品药品安全监管为目标，通过信息系统成果的推广应用，逐步深化食品药品监管业务应用建设。

（5）政府主导、社会共治

充分发挥政府主导监管的积极性，发动社会力量参与食品药品监管工作，通过政府与企业、社会公众的信息化交流及互动，推进社会共治。

2. 建设目标

（1）"一个中心"

建设统一、规范的食品药品监管数据中心，汇总全国食品药品监管各级各类信息资源，成为各级监管部门日常工作、对外服务、综合分析、决策支持服务的数据源头，"一个中心"是"智能食药"安全工程的核心内容。

（2）"三大支撑"

三大支撑保障体系包括信息标准和安全保障体系、应用支撑平台体系、人员及配套保障体系，分别在信息标准、信息安全、技术体系、人员组织、基础装备等方面提供有力保障，是安全工程成功的关键。

（3）"五级应用"

国家、省（区市）、市、县（市、区）、乡镇（街道）五级应用，从根本上保证不同层级监管机构政令通畅、信息共享和业务联动。

（4）"五类覆盖"

"四品一械"五大品类全部覆盖，各行业监管信息化统筹规划、系统性地进行建设，避免"信息烟囱"和"信息孤岛"的存在。

3．建设内容

（1）标准和规范体系建设

参考《国家食品药品监督管理局关于进一步加强食品药品监管信息化建设的指导意见》中明确的重点建设任务，搭建总体标准、网络基础设施标准、信息资源标准、应用支撑标准、应用标准、信息安全标准、信息化管理标准7个分体系，同步建立起标准维护、宣传和实施工作机制（朱华，2010；郑春元等，2007；周丽玲，2012）。

□ 食品药品安全总体标准体系。总体标准体系分为食品药品监管信息化标准提供基本原则、指南和框架，以及基础性的信息化术语。

□ 食品药品安全信息化网络基础设施标准体系。标准的建立将对支撑全省系统各类业务应用的系统软件、硬件、网络环境（包括网络结构、物理媒介、网络域等）、机房环境等提出具体参数要求。

□ 食品药品安全信息资源标准体系。信息资源标准体系用于规范化描述各类食品药品监管信息（包括数据元、代码集、统计指标等）以及对信息进行分类与编码，以实现跨地区、跨部门、跨系统的信息资源共享与管理。

□ 食品药品安全信息化应用支撑标准体系。应用支撑标准体系为各项食品药品监管业务提供独立于网络与具体业务应用的技术支撑和服务，确保各类业务资源之间可互联、访问、交换、共享以及整合。

□ 食品药品安全信息化应用标准体系。应用标准体系为食品药品监管信息系统提供应用方面的标准与规范，包括单证和文件格式、业务流程和应用系统开发建设具体的技术标准。

□ 食品药品安全信息安全标准体系。信息安全标准体系是确保食品药品监管信息系统安全运行、确保信息和系统的保密性、完整性与可用性的保障体系，为食品药品监管信息化建设提供各种安全保障的技术和管理方面的标准规范。

□ 食品药品安全信息化管理标准、安全标准体系。管理标准、安全标准体系为食品药品监管信息化提供项目管理、运维及资产管理等方面的制度保障，以确保食品药品监管信息化项目的顺利建设和管理维护，包括职责规范、项目管理、软件开发管理、运维管理和信息系统资产管理等。

（2）安全保证基础资源建设

□ 食品药品监管数据中心搭建。建设统一的数据资源中心和数据交换中心，实现监管业务数据信息大集中，联网对接国家总局监管业务数据、省级市场监管数据、信用数据、证照数据等在内的第三方数据。按照"智能食药安全"工程的总体建设思路，数据资源中心汇聚已有食品药品基础数据，横跨"四品一械"全品种分类，纵向延伸各省（区市）、市、县（市、区）、乡镇（街道）四级，建设内容包括食品药品监管的基础数据、业务数据、外部行业数据及第三方应用数据等。

□ 应用支撑平台体系建设，结合 GIS、大数据和移动互联网等新技术，搭建开放的业务及技术服务支撑平台，保证业务系统的稳定性、连续性、可扩展性和互联互通。应用支撑平台处于业务应用系统底层，整合不同颗粒度的共性技术与业务组件，包括强大的 GIS 展现及分析、大数据分析及应用、LDAP 目录服务、工作流、内容管理和发布、全文检索、集中认证管理、统一消息平台等服务套件，从而为上层业务应用提供界面展现、数据分析、应用集成、管理服务及个性化支持，达到"业务展现 GIS 化、海量数据知识化、业务应用多样化"，实现"跨应用、跨部门、跨平台"的业务联动，同时为不同地市、不同用户提供个性化应用扩展支持。

（3）安全业务应用

□ 日常监管系统。实现食品药品网格化管理，实现监管台账、日常检查、专项检查、飞行检查等功能，实现检查工作过程和结果记录，被监管企业整改跟踪管理等。为监管人员配备移动监管执法终端、执法记录仪、便携式打印机等信息化监管执法设备，通过现场与后台数据实时联动，高效、快捷地处理日常监管、行政执法等工作，切实提高工作效率和监管效能。

□ 行政执法系统。结合移动监管执法终端，实现行政执法全过程管理，覆盖案源、稽查、案审、涉案财物、电子监察等各方面的监管业务。对接公共服务平台投诉信息、国内各举报热线、其他单位转来案件线索和日常监管、检测检验中出现的违法事件，进行案件办理和统一反馈。

□ 检验检测系统。开发建立各级（包括第三方）检验检测机构 LIMS 系统，对检验业务流程中各个环节的条件、成本、期限、人员等进行规范化控制，实现对检验工作的可知、可控、可预测管理，实现全省各级及第三方检验机构检测检验信息共享，并通过应用支撑平台大数据分析组件进行数据分析和风险防范。检测检验系统将支持快检快筛、现场抽检、送检等不同形式的检验，完成检验任务分配和跟踪，整合全省检验检测结果数据，同时与移动监管融合，实现现场检查、案件查处反馈等功能，提升全省食品药品检验系统的检验质量、业务管理和工作效率，优化检验资源配置，实现应急任务全省联动、快速应对。

□ 食品药品追溯系统。实现包括食品生产、加工、批发、零售等环节的全过程监管和"从农田到餐桌"的全程追溯。食品追溯系统监控汇总全省生产流通节点主体信息和全省重点监管品种的追溯信息，开展追溯信息综合分析利用，提供综合信息服务，为社会公众、监管部门、企业提供统一追溯查询服务。根据药械 GMP 和 GSP 规范，通过对重点药品、医疗器械的基础数据采集，生产过程数据采集，进销存数据采集，医疗机构使用数据采集，过程监督，预警管理等，实现重点药品如关键疫苗的生产、流通和使用全程可追溯，一旦在日常监管、不良反应监测和行政执法中出现问题药械，可通过本系统完成快速召回。

□ 公共服务系统。基于统一的应用支撑平台，深入挖掘食品药品数据的服务价值，梳理从业人员和企业及产品等基础信息、诚信信息、检验检测信息、食品药品追溯信息、不良反应、风险监测及信用评价信息、基层人员教育培训信息，形成公共服务资源目录，作为向企业、公众、第三方机构、从业人员以及基层监管人员提供信息公开与服务的标准指导。公共服务系统包

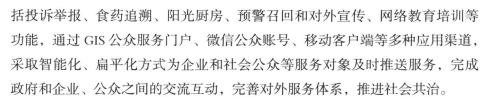

括投诉举报、食药追溯、阳光厨房、预警召回和对外宣传、网络教育培训等功能，通过 GIS 公众服务门户、微信公众账号、移动客户端等多种应用渠道，采取智能化、扁平化方式为企业和社会公众等服务对象及时推送服务，完成政府和企业、公众之间的交流互动，完善对外服务体系，推进社会共治。

□ 监管辅助系统。通过新建及整合的方式对现有的信息资源和行政办公流程进行优化，在已有办公自动化功能基础上，为食品药品监管工作提供辅助性服务，如人员管理、行政审批、内部管理、任务制定与下达、专项整治方案形成与执行、现场检查计划安排、监管执法资源管理与配置、重大事项跟踪与督办、考核评价及监管工作统计等功能，实现政务信息高效互通和各级监管机构协同办公。

□ 应急管理系统。通过对业务系统、大数据中心等的整合，形成完善的应急预案、预警、应急启动、任务下达、现场处置、情况反馈、事件总结等功能，建立各省（区市）、市、县（市、区）、乡镇（街道）四级交互式高清视频会商系统，以数据共享传输、桌面共享、音视频同步等方式实现四级指挥调度功能，迅速、动态地识别事件，配置应急救援资源，并与移动执法终端管理系统等互通互联，实现可视化、智能化工作部署和统一应急调度。

□ 决策支持系统。基于业务应用支撑平台大数据分析与应用组件，建设决策支持系统。通过建立大数据采集、比对、分析、预测模型，实现食品药品安全监督监测、问题食品药品溯源分析、数据挖掘、大数据分析比对、风险评估等功能，加强食品安全监督管理，提高风险预测与应对能力，及时发现风险隐患，基本建立起以食品、药品安全风险预警及分析为基础的防御体系，有效防范食品药品安全事故和系统性监管风险，推动食品药品产业健康发展。

（4）安全系统搭建实施步骤

实施步骤不能一蹴而就，需要坚持完善整体规划、落实推进、寻求创新的工作思路，根据全国各地具体情况分阶段实现系统建设。

□ 第一阶段："强基础、建急用"阶段。"智能食药监"平台初步建立，移动互联、GIS、大数据等新一代信息技术得到广泛应用；构建完成"智能食药监"工程基础架构，建立食品药品监管信息化统一标准规范，在国内现有统一数据中心的基础上，进行数据重构和扩充，建立新型的信息高度共享的统一数据中心，围绕食品药品监管核心职能建设当前急用业务系统，建设业务应用支撑平台，重点推进日常监管系统、检测检验、行政执法系统建设并取得实效，启动食药追溯、公共服务系统建设，初步建立起覆盖全省的一体化食品药品监管平台。

□ 第二阶段："谋深化、广覆盖"阶段。"智能食药监"平台进一步深化、完善，覆盖各分类、全流程食品药品监管业务，在第一期架构基础上继续完善标准规范、数据中心及支撑平台，同时扩展和优化日常监管系统、行政执法系统，形成标准完善、平台兼容、业务覆盖的一体化食品药品监管平台。

□ 第三阶段："求创新、再提升"阶段。完成"智能食药监"平台进行再优化提升，延续第一、二期工程建设成果，本期重点在于梳理、集中主要精力解决重点难题，同时全面兼顾其他问题，优化工作流程，提高工作效率，集中主要力量新建、扩展和优化已建业务系统，并根据已沉淀数据资源进行综合分析、预警、评价，创新监管方式，完成包括决策支持系统、风险分析系统、从业人员管理系统的打造，食药追溯系统、公共服务系统、应急管理系统的扩展，检测检验系统、监管辅助系统的优化等，从而提高监管水平和效能，达到"智能食药监"的最终目标。

（二）医疗卫生安全发展思路

1. 顶层设计

启动卫生数据中心建设项目，以医疗服务电子信息平台为突破口进行重点建设，搭建智能医疗卫生信息系统的框架；支撑医疗机构间医疗卫生服务信息的互联互通和信息共享以及业务协同，实现网上监督；为整体推进全市智能医疗卫生信息系统建设，缓解看病难、看病贵，开好头、起好步。

统筹协调、有序推进。要在资源有限的情况下，尽可能做到统筹规划、通盘考虑，突出重点、分阶段组织实施。要按照国家信息化建设总体部署和要求，统筹制订切合实际的卫生信息化建设工作具体计划和项目管理办法，明确各级、各领域建设的具体目标和任务。分类指导，分步推进，促进协调发展。集中主要精力解决重点难题，优化工作流程，提高工作效率，有所为，有所不为。

注重融合、资源共享。要建立信息系统建设项目备案、审查制度，确保系统建设严格遵循业已发布的各类标准和规范，采用成熟、安全、可靠的技术和协议，做到标准化、规范化和开放、共享，能够融入区域卫生信息整体平台。各级要加大对已有网络、信息资源的整合力度，实现互联互通、共享共用。将执法平台、监管平台、追溯平台、信息储存平台等进行适当融合，避免重复建设、减少信息多头采集。

立足应用、务求实效。要坚持以人为本，以需求为导向，以应用促发展。要紧密结合卫生工作实际需要和人民群众医疗卫生服务迫切需求，通过信息系统建设与应用帮助解决社会关注、群众关心的热点和难点问题，围绕医药卫生体制改革各项重点，捕捉和挖掘信息化应用需求，有针对性地开展建设。

加强管理、保障安全。要建立一整套健全的管理制度，对系统建设、运行、维护的全过程进行有效监控，使信息系统真正融入医疗卫生各项业务活动，稳定地发挥其应有效用。与服务对象利益相关的健康档案、电子病历等重要的信息系统要建立有效的身份认证、数据备份、灾难应急恢复等机制，保障系统运行的安全、稳定、可靠。

2. 建设目标

首先，提升居民医疗安全意识。通过智能医院系统、区域卫生系统以及家庭健康系统实现智能城市，对居民进行医疗卫生安全的宣传与科普知识讲解，使得居民获得正确的医疗知识，提供医疗健康个人档案，形成安全就医的就诊理念（杨子仪等，2014；王燕，2012）。

其次，提升医疗服务质量和医疗机构工作效率。和卫生防疫部门共同开展卫生防疫管理、突发事件应急处理管理机制；简化就医流程，提升行政部门工作效率，提倡绩效考核和患者评价制度，提升医护人员工作责任心。

再次，建立"一个中心"、"一张网络"、"一个平台"。

"一个中心"，即智能医疗卫生信息共享中心：建设统一、规范的医疗监管数据中心，汇总全国食品药品监管各级各类信息资源，进行资源整合和共享。

"一张网络"，即智能医疗卫生专网：建设信息化、数字化网络，通过云计算平台，实现个人医疗信息在各级医疗平台上的共享，城市居民在食品药品信息和医疗卫生服务方面都能随时接受"在线"服务。

"一个平台"，即智能医疗云计算平台：依托全面覆盖的感知单元，建设融合的云计算平台，包含执法平台、监管平台、追溯平台、信息储存平台等。

3. 建设内容

（1）标准和规范体系建设

医疗卫生安全总体标准体系，包括基本原则、指南，信息化术语。遵循"统一规范、统一代码、统一接口"的基本原则，进行医疗卫生信息的标准化、统一化建设；医疗卫生安全指南是指导工作的方针，需要统一标准，统一执行；建立标准的信息化术语是实现资源共享的前提和基础。

医疗卫生安全信息化网络基础设施标准体系。采用安全、可靠的技术，做到标准化、规范化和开放、共享，能够融入区域卫生信息整体平台。实现多部门、多系统在一个平台的资源共享和信息互通。

医疗卫生安全建设内容，主要包括：信息资源标准体系、居民电子信息档案、医疗卫生机构服务标准、信息分类与交换标准、跨部门跨系统的信息资源共享与管理体系建设、信息平台统一建设、医疗卫生机构基本体系建设等内容。

（2）医疗卫生信息平台建设（见表6.1）

表6.1　医疗卫生系统

序号	系　统	备　注
1	注册服务系统	实现对患者、医疗卫生人员、医疗卫生机构等的注册管理服务，建立面向这些实体的唯一标识。重点实现针对身份证、社保（医保）卡、新农合卡、居民健康卡等各类就医凭证的居民身份唯一性识别（支持IHEITIPIX规范）。

续　表

序号	系　统	备　注
2	存储服务系统	根据电子病历的信息分类，实现基于注册服务的诊疗档案存储：包括概要数据存储、文档数据存储、ODS数据存储、支撑数据存储等形式。
3	共享协同服务系统	遵循IHEITIXDS规范，建立异构系统之间的消息、数据、文档的共享和互操作性机制。其中，共享包括诊疗档案浏览器设计、诊疗数据整合展示和查询以及订阅发布。
4	全程诊疗档案服务系统	建立以患者、医疗卫生人员、医院、社区等实体为中心的主要卫生服务记录的索引，实现信息的快速查询。并实现诊疗档案的数据整合等核心功能。
5	信息接口服务系统	实现武汉市卫生信息平台与各类接入机构的通信总线服务。
6	数据交换整合系统	建立面向异构数据源数据发送、接收的统一平台，实现数据交换过程中的消息集成、数据集成、服务集成和流程集成，实现对联网医院的异构信息系统的整合。为诊疗档案信息的集中调阅以及分布式预调阅提供技术支持。
7	卫生信息基础资源库	建立健康档案和电子病历基础资源库以及医疗救治基础资源库，包括患者基本信息、病历概要、门急诊病历、住院病历、住院病案、检验及检查报告、出院小结以及机构、装备、人才、床位等资源信息。

六、我国智能城市食品药品安全发展战略措施和政策建议

（一）模式创新与挑战

智能城市下食品药品安全、医疗卫生产业结构与产业链组成复杂，同时，搭建过程和参与组织工程庞大，需要有创新的监管体系和商业模式，实现从技术层面、硬件平台、商业组织多维度的模式创新和利益结构调整。

虽然国内在物联网、云计算平台、数据库等智能城市技术平台的支持下，各级地方政府积极推进制度改革，出台相应的发展规划及政策，食品药品系统的产品、规范、应用、技术和政策层面都取得了一定的进展，但从现阶段来看，仍要面临硬件平台、技术创新、规范标准、法律制度制定等诸多困难和挑战。以下为具体问题分析：

1. 政策落实和法律保障问题

智能城市下许多问题均需要通过政府落实相应政策、完善监管体制、提供法律保障等措施来解决，例如：在智能医疗中，医师要承担起保护个人健康信息等隐私的职责；广大市民在享受医疗健康服务、发生消费纠纷时，如何保证自身的隐私安全；城市居民在采购食品、药品时，如何保证能从法律层面获取消费者产品信息的知情权等等。

2. 产品及市场化问题

如何将智能城市下数字化监管平台引入食品药品安全的全生产消费周期，避免额外造成对产品销售的市场壁垒，增加成本而转嫁为消费者负担，是规划设计者必须要考虑的问题。从目前的国内外市场来看，绝大多数与智能医疗系统相关的产品尚处于较为低级的研发和应用阶段，从宏观角度来看不具备足够支撑行业快速发展的基础。此外，由于缺乏行业标准、技术规范，导致不同企业在设计智能医疗产品的时候，对产品的结构、功能等方面缺乏系统全面的评判和控制。如此一来，便形成了行业发展不规范导致政府监管难度的提升，而政府监管缺失又进一步影响行业健康持续发展。因此，我国的相关政府部门应当尽快研究对策，参考国外相似的管理经验，在资质获得、市场规定准入条件和指标要求等方面率先介入管控，从而保护智能医疗市场的公平性，进而保障智能医疗行业的平稳健康发展，最终实现居民真正享受到智能医疗所带来的便捷和安全。

3. 核心技术创新与改进问题

智能食品药品安全技术涉及信息追踪及融合技术、数字化信息及数据的采集、存储、分析、云端管理应用技术等先进技术，同时，我们也要在运用过程中具有坚定的信念，不断进行创新以及寻求大量的资金支持。

4. 商业模式突破问题

智能城市下食品药品安全系统涉及很多相关产业，且产业结构复杂、利益链条繁多、收益分配不公，从而需要突破传统的商业模式和服务方法，创新收益分配方式。

5. 标准化问题

智能化系统涉及信息采集与处理、网络通信、终端接口等多个环节，从而形成了大量复杂的标准。其中，很多标准已经不具有适用性与有效性，因此统一制定新的标准已是迫在眉睫。

6. 资源协调与配置问题

在我国现有的医疗市场中，存在着从生产销售到管理使用的稳定连接渠道，但也形成了极为固化的产业链。固化的产业链和复杂的医疗服务网络结构，不利于医疗资源的合理分配，阻碍了医疗技术的协调对接，增加了医疗行业监管的难度。因此，实现智能医疗行业安全发展的重要任务之一，是实现医疗资源尤其是智能医疗资源的配置与协调问题。

7. 技术平台设计、推广与专业知识培训问题

智能城市下，专业软硬件平台和 App 应用广泛出现并逐渐实现普及使用，但还需提高居民应用的兴趣和熟练度；城市居民对提前预防的认识远远不够，对健康管理的了解较浅薄；居民对治疗过程不够了解，形成严重的信息不对称，智能医疗需要基于各种新型平台从源头上解决此问题。无论是产品的消费者还是医疗服务者都需要进行相关业务和信息技术普及，实现居民和患者能找到问题、反馈问题、跟踪问题，产业能快速面对问题、解决和规避问题。

（二）顶层设计与总体规划

智能食品药品安全和智能医疗的核心是对诸如食品、药品、患者情况等信息的获取、传输与共享，为了降低成本并广泛推广，必须对其关键技术进行突破。

1. 构建合理、全面的系统模型

建立协同合作关系和贯穿全生产、消费、诊疗链的数据监控体系，需要

有一个全面的产品生产和医疗流程的核心模型作为"智能化设计的参考"。系统不仅能提供科学的信息数据和指导建议，能有效预测问题易发点；同时，还能激励居民在消费过程或医疗过程中出现问题时积极反馈、优化模型。

完整的产品数据档案包括产品原材料来源、生产流程、监控措施、运输保管、销售使用、效果反馈，并且产品具有唯一数字编码，便于出现问题后迅速跟踪，避免事故的扩大化，同时快速追溯，便于发现问题根源，以解决问题。

一份完整的个人电子健康档案包括了个人基本信息、疾病史、诊疗过程等，是智能医疗系统的基础。个人电子健康档案通过对个人一生每个阶段生命体征的波动，以及所进行过的与健康相关的活动进行记录，实现信息的传递与共享。

2. 建立科学有效的商业服务模式

食品药品追溯系统对于生产企业是额外成本，最终会转嫁于消费者。但良好的追溯信息是产品质量的"证书"，有利于提升产品品牌含金量。如何实现生产厂家和消费者间信任互动，是智能城市下商业模式升级的创新点，操作成功可以实现多方共赢，厂家可以获得良好利润，而消费者可以放心消费。

智能医疗的出现在很大程度上转变了目前的就医模式，同时还间接地促进了医疗行业商业模式的发展。在智能医疗所带来的全新商业模式中，医疗体系中的每个要素都以全新的角色参与进来并发挥作用，包括从作为医疗服务需求方的病人，到医疗服务提供方的医生、医院，再到上游的药物供应商，甚至包括医疗研究人员、医药管理局、保险公司、风险投资公司等相关研究、管理和金融机构。商业模式创新的要点，在于能够从服务成本、服务质量和服务内容等方面充分优化这些医疗要素发挥作用的途径和纽带。

3. 加快核心技术研发及产业化

通过数字化技术，实现一捆菜、一盒药品带有唯一的身份证，且该身份证自身带有加密技术，使造假企业无法批量造假，提高了造假成本，提升了产品安全。产品从生产到消费全过程纳入监管并透明化，使其无法流入正规销售渠道，让百姓能购得"放心菜、放心药"。此外，消费者可通过手机App、网站、微信等多种方式，实时扫描或输入药品电子监管码，免费获得药品真实来源、异常药品预警提醒等鉴别信息，未来还包括用药评价、不良反应等使用反馈信息。

智能医疗从根本上依赖于病人的信息，因此获取、传输与共享病人信息的相关技术和方法必然成为智能医疗的核心。在智能医疗广泛铺开的城市，不仅能够在同一个医院的不同科室之间实现病人信息的无缝传递，还能在同一个城市的不同医院之间实现病人信息的有效传递，甚至能够实现医院与社区、医保、政府、学校、交管局等所有相关单位部门之间的病人信息快速共享。病人信息对智能医疗能够充分实现价值起到极其重要的作用，而健康人的信息对于智能医疗的完善也同样重要。信息源自于数据，探索和研究人体数据建模技术、数据采集技术等都是实现智能医疗的关键。因此，实现智能医疗的首要任务在于智能医疗系统技术的研发与应用。我国智能医疗产业必须在现有技术体系下不断创新、攻克关键技术难题，在关键技术上拥有自主产权，进而批量化生产，这样才能真正降低推广成本、扩大应用范围，才能促使我国的智能医疗产业迅速地发展壮大。

4. 建立标准化专业机构

智能食品药品医疗卫生是融合生命科学、数理科学、材料科学、信息技术、物流技术以及管理学等多学科交叉的新兴技术行业。受到多学科融合交叉特点的影响，该行业涉及技术标准非常复杂，跨行业、跨学科的规范标准体系很难统一起来，这就给行业安全发展带来极大的困难。安全发展是智能食品药品医疗卫生发展的基础和保障，而目前国内市场很难自发形成相应的规范标准体系。因此，现阶段我国要实现智能食品药品医疗卫生的安全发展，就必须形成以政府为主导，以专业人员和机构为核心，针对智能食品药品医疗卫生行业内的产品技术工艺、市场运营机制、产业统筹管理等方面的规范标准体系。形成从政府推动、行业参与，到行业要求、政府服务的管理模式推进。

参考文献

白湘霖，2010. 积极探索食品药品科学监管的有效途径[J]. 中国食品药品监管(4)：22-24.

卜子牛，2014. 智慧城市信息服务体系建设研究[D]. 吉林：吉林大学.

常明，2013. 基于网格化Z市食品安全监管及信息平台分析与设计[D]. 石家庄：河北工业大学.

陈恩黔，楼书氢，陈奔，2011. 国外智能电网的研究概况及其在我国的发展前景[J]. 中国电力教育(18)：90-91.

陈如明，2012. 智能城市及智慧城市的概念、内涵与务实发展策略[J]. 数字通信，39(5)：3-9.

陈思源，2011. 城市灾害风险与中国城市减灾战略[J]. 城市发展研究，18(11)：110-114.

陈向国，2014. "城市产业"不仅仅需要绿色、低碳[J]. 节能与环保(10)：52-53.

范维澄，2014. 公共安全应急平台的科技创新[J]. 安全生产与监督(3)：42-44

冯鑫，张以善，李伟，等，2013. 智慧城市框架下的区域医疗卫生解决方案[J]. 医疗卫生装备，34(4)：38-41.

谷树忠，胡咏君，周洪，2013. 生态文明建设的科学内涵与基本路径[J]. 资源科学，35(1)：2-13.

官宗琪，2005. 城市交通信息系统通信平台的设计[D]. 大连：大连海事大学.

郭曼，2014. 网络生态下的电子商务信息化应用模式创新[J]. 中国科技信息(24)：48-49.

郭太生，2010. 论平安城市建设[J]. 江苏警官学院学报，25(3)：129-133.

郭巍，钱慧，2016. 多维度推动智慧医疗及其产业建设[J]. 中国发展观察(12).

郭新海，2013. 智能电网技术的研究现状及发展趋势[J]. 电子世界(19)：58-59.

洪嘉祥，白晓华，2004. 水资源利用合理途径的探讨[J]. 甘肃科学学报，16(2)：71-72.

寇有观，2014. 智慧城市创新生态文明建设[J]. 信息系统工程(1)：53-55.

李静玲，2009. 智能电网技术与国内外研究现状[J]. 中小企业管理与科技旬刊(11)：297.

李俊，2005. 城市交通人性化问题研究[J]. 重庆大学学报(社会科学版)，11(3)：14-16.

李伟，于慧杰，王思念，等，2015. 智慧城市背景下新一代数字化医院建设探索[J]. 医疗卫生装备，36(11)：52-56.

梁姗姗，吴军，刘涤尘，等，2015. 智能电网技术体系与发展趋势研究[J]. 陕西电力，43(10)：1-5.

刘佳骏，董锁成，李泽红，2011. 中国水资源承载力综合评价研究[J]. 自然资源学报，26(2)：258-269.

楼书氢，2010. 智能电网的研究进展及其在我国的发展前景[C]// 中国高等学校电力系统及其自动化专业学术年会暨中国电机工程学会电力系统专业委员会年会，2010.

芦艳荣，2010. 信息产业对我国信息基础设施和重要信息系统支撑研究[J]. 电子政务(11)：54-58.

罗彬，2007. 探讨城市道路建设与规划的管理问题[J]. 广东科技(S2).

罗兰，洪岚，安玉发，2013. 北京市食品安全风险来源分析[J]. 蔬菜(8)：3-9.

马庆钰，程玥，2011. 应急指挥的新范式——以纽约市消防局为例[J]. 中国应急管理(3)：46-50.

钱伯章，2010. 国内外电子垃圾回收处理利用进展概述[J]. 中国环保产业(8)：18-23.

乔亲旺，洪珊，2014. 创新智慧城市建设运营模式实现可持续发展[J]. 世界电信(6)：34-38.

邵丹，张岐，卢长鹏，2012. 探析物联网及其发展前景[J]. 农业网络信息(2)：
　　84-85.

沈昌国，李斌，高宇亮，等，2010. 智能电网下的用电服务新技术[J]. 电气
　　技术(8)：11-15.

孙羚宇，鄂旭，刘春晓，等，2014. 基于物联网技术的食品安全监管与对策
　　研究[J]. 计算机技术与发展(12)：230-233.

孙艳艳，2012. 欧美日智能城市建设及对我国的启示[J]. 城市管理与科技(5)：
　　78-80.

汤嘉琛，2013. "智慧城市"为数字医疗创发展契机[J]. 中国卫生人才(2)：
　　16-16.

佟新华，2014. 日本水环境质量影响因素及水生态环境保护措施研究[J]. 现
　　代日本经济(5)：85-94.

涂继亮，董德存，2012. 城市轨道交通安全智能融合监控体系的构建[J]. 城
　　市轨道交通研究，15(4)：77-81.

王东升，2011. 面向智能电网愿景的企业信息化建设研究[D]. 北京：华北电
　　力大学.

王晶，全春来，周翔，2011. 物联网公共安全平台软件体系架构研究[J]. 计
　　算机工程与设计，32(10)：3374-3377.

王龙兴，2011. 把上海建设成为食品药品最安全放心的城市[J]. 中国食品药
　　品监管(9)：15-16.

王荣玲，2006. 谈建筑节能在住宅设计中的应用[J]. 广东科技(3)：94-95.

王树义，2014. 论生态文明建设与环境司法改革[J]. 中国法学(3)：54-71.

王希波，马安青，安兴琴，等，2007. 兰州市主要大气污染物浓度季节变化
　　时空特征分析[J]. 中国环境监测，23(4)：61-65.

王啸，王靖，张杰，2016. 论智能电网关键技术的分析与探讨[J]. 工程技术
　　（文摘版），2016(2)：120.

王燕，2012. 建筑智能化系统在综合医疗建筑中的应用[J]. 中国科技博览(21)：

439–440.

王振，2011. 智能电网技术现状与发展趋势[J]. 企业科技与发展(5)：16–18.

韦亚星，2007. 基于数据网格的地理空间信息协作共享系统研究[D]. 合肥：中国科学技术大学.

肖国杰，李国春，2006. 遥感方法进行土壤水分监测的现状与进展[J]. 西北农业学报，15(1)：121–126.

谢新洲，2014. 网络空间治理须加强顶层设计[J]. 人民日报，2014–06–05.

谢映霞，2013. 从城市内涝灾害频发看排水规划的发展趋势[J]. 城市规划(2)：45–50.

徐良才，郭英海，公衍伟，等，2010. 浅谈中国主要能源利用现状及未来能源发展趋势[J]. 能源技术与管理(3)：155–157.

薛青，2010. 智慧医疗：物联网在医疗卫生领域的应用[J]. 信息化建设(5)：56–58.

杨光，2014. 我国将出台网络安全审查制度[J]. 金融科技时代(6)：6–6.

杨子仪，常青，邱桂苹，等，2014. 基于智慧医疗服务平台的移动健康系统应用探讨[J]. 科技资讯，12(8)：33–34.

余道洪，2015. 智能电网技术现状及发展简述[J]. 电子技术与软件工程(1)：170.

余东明，2013. 对智能电网技术现状与发展趋势探讨[J]. 科技视界(31)：332–333.

袁宏永，李鑫，苏国锋，等，2013. 我国应急平台体系建设[J]. 中国减灾(17)：20–23.

袁清昌，2013. 基于物联网技术的食品安全监管应用和对策探讨[J]. 食品安全导刊(6)：71–73.

袁清昌，姜媛，刘长，等，2013. 基于物联网技术的食品安全监管系统构建探讨[J]. 中国科技成果(7)：26–28.

张宾，董华，涂爱民，等，2005. 基于GIS的城市公共安全技术平台[J]. 中国安全科学学报，15(8)：70–75.

张庆阳，2015. 各国碳减排路线图(连载七) 瑞典：低碳发展与经济增长齐头并进[J]. 环境教育(6)：61-62.

张士宏，2013. 上海：建设重点领域智能应用体系[J]. 城乡建设(8).

张文亮，刘壮志，王明俊，等，2009. 智能电网的研究进展及发展趋势[J]. 电网技术(13)：1-11.

张学谦，2012. 面向"智慧城市"应用的整体解决方案[J]. 中国公共安全(11)：84-89.

张雅丽，黄建昌，2008. 日本、新加坡生态环境政策对我国的启示[J]. 兰州学刊(2)：42-44.

张银保，2013. 智能电网技术特点及相关技术探讨[J]. 广东科技(20)：39.

张玉录，2015. 浅谈食品安全第三方监管新模式[J]. 中国食品药品监管(9)：50-52.

赵亚男，达庆东，杨群，等，2001. 智能交通安全系统的研究[J]. 中国安全科学学报，11(3)：27-33.

郑春元，黄虹，2007. 积极探索特大型城市食品安全监管的新模式[J]. 中国食品药品监管(2)：21-23.

智勇，段宇，2015. 智慧医疗产业结构及发展现状探析[J]. 现代管理科学(9)：52-54.

中国互联网信息中心，2015. 中国互联网络发展状况统计报告[EB/OL]. (2015-02-03)[2016-06-03]. http：//www.cac.gov.cn/2015-02/03/c_1114222357.htm.

周浩，2005. 浅谈城市噪声污染及其防治[J]. 中国环境管理丛书(1)：38-40.

周建国，2013. 基于DTN的空间综合信息网络关键技术研究[D]. 武汉：武汉大学.

周来，程志明，2014. 智能电网的研究现状与未来发展[J]. 山东工业技术(20)：179.

周丽玲，2012. 物联网应用于徐州市食品安全监管新模式的探讨[J]. 江苏卫生保健(学术版)，14(6)：39-40.

朱华，2010. 食品药品监管局：探索建立大监管模式 打造食品药品最安全城市[J]. 杭州旬刊(2)：13.

King R，2007. 斯德哥尔摩市公共交通网络视频监控方案[J]. 中国公共安全(学术版)(4B)：62-66.

索 引
INDEX

A

安全网格   35

安全自免疫技术   79，80，81

B

病毒防护   79，82

C

城市安全   3，7

城市安全智能化   3，8

城市安全智能化时代 15

传统安全   16

D

大数据   5，15

大数据安全技术   79，80

电子身份证   168，173

E

二维码技术   138

F

非传统安全　　　　　　　　23

G

感知技术　　　　　　　　　43，81

工业互联网安全技术　　　　79，80

公共安全云服务　　　　　　61

轨道交通安全系统　　　　　102

国家安全体系　　　　　　　21，33

国土安全　　　　　　　　　21

H

海洋生态安全　　　　　　　25

核安全　　　　　　　　　　21

互联互通—嵌入式技术　　　44

J

检测预警应急指挥技术　　　79

经济安全　　　　　　　　　21

军事安全　　　　　　　　　21

K

科技安全　　　　　　　　　2

P

平安城市　　　　　　　　　5，14，26，30

Q

嵌入式系统技术　　　　　　137

R

入侵检测　　　　　　　　　72，85

S

三元空间　　　　　　　　　3

社会治安防控　　　　　　　61

生态安全　　　　　　　　　16

食品药品安全　　　　　　　62，165

数据安全　　　　　　　　　73，177

四品一械　　　　　　　　　165，167，183

四重四轻　　　　　　　　　29

T

图像识别　　　　　　　　　5，15，183

W

网络安全　　　　　　　　　21

网络空间安全顶层设计　　　94

网络空间安全综合治理技术　81

网络危机   74，76

网络舆情监控系统   95

文化安全   21

物联网   4，9，15

物联网安全技术   79

X

信息安全   21

信息化 1.0   22

信息化 2.0   22

Y

一案三制   31，32

医疗卫生安全   139，165，166

移动互联网安全技术   79，80

以人为本   139

云安全防护技术   79，80

云存储   15

云计算   15

Z

噪声污染   145

政治安全   21

智能城市   3，4，5

智能公路交通安全系统   100

智能技术	44
智能监管平台	168
智能判别技术	79，81
资源安全	21
自然生态安全	25
自主知识产权	103，111
总体国家安全观	21，34